鱼类母源性免疫及其应用

王志平　编著

科 学 出 版 社
北 京

内 容 简 介

鱼类母源性免疫的发现不仅具有理论价值，在水产养殖中也具有潜在应用价值。本书在介绍鱼类母源性免疫研究进展的基础上，重点阐述了作者在本领域的研究成果。全书分6章，内容主要包括鱼类母源性免疫概述、鱼类母源性免疫因子的研究进展、鱼类母源性免疫的跨代传递机制与影响因素及鱼类母源性免疫的开发与应用。

本书可供水产类专业本科生、研究生，以及水产养殖工作者使用和参考。

图书在版编目(CIP)数据

鱼类母源性免疫及其应用/王志平编著. —北京：科学出版社，2015. 8
ISBN 978-7-03-045501-7

I. 鱼… II. 王… III. ①鱼病防治-母源抗体-免疫疗法-研究 IV. ①S942.5

中国版本图书馆 CIP 数据核字(2015)第 201526 号

责任编辑：刘 丹/责任校对：郑金红
责任印制：张 伟/责任设计：铭轩堂

科 学 出 版 社 出版
北京东黄城根北街16号
邮政编码：100717
http://www.sciencep.com
北京凌奇印刷有限责任公司 印刷
科学出版社发行 各地新华书店经销
*
2015年9月第 一 版 开本：720×1000 B5
2023年1月第六次印刷 印张：8 3/8
字数：167 000

定价：69.00 元

(如有印装质量问题，我社负责调换)

作 者 简 介

王志平（1978.6～），女，汉族，河北井陉人，中共党员，中国海洋大学海洋生物学博士，陕西师范大学分子生物学博士后，渭南师范学院副教授、硕士生导师。现任渭南师范学院化学与生命科学学院副院长，陕西省河流湿地生态与环境重点实验室副主任，渭南师范学院学科带头人，渭南师范学院大学生创新创业委员会委员，陕西省“春笋计划”高校指导专家。先后主持国家自然科学基金、中国博士后基金、陕西省自然科学基金、陕西省博士后基金、陕西省教育厅研究计划项目等 8 项课题，以第一作者在国内外核心期刊发表学术论文 30 余篇，其中 SCI、EI 收录 8 篇并被引用 100 余次，参编教材 4 部，先后获陕西省高等学校科学技术奖、秦皇岛市科学技术奖、青岛市科学技术奖、陕西省自然科学优秀学术论文奖、渭南市青年科技奖、陕西省教育系统“五一巾帼标兵”等多项科研奖励和荣誉称号。

前　言

鱼苗死亡率过高在世界范围内造成了巨大经济损失。我国水资源丰富，养殖鱼类种类繁多，提高鱼苗免疫力对于水产养殖业的健康发展具有重要意义。母源性免疫即母体传递给子代的免疫力，在鱼类个体发育早期具有重要的免疫作用。一些鱼类产卵量大，卵子个体小，给鱼苗免疫带来众多不便。另外，由于仔鱼不具有完整的免疫反应能力，直接对其进行免疫并不能有效提高其免疫活性。因此，母源性免疫在水产养殖中更具应用价值。

编者在国家自然科学基金项目“斑马鱼母源性补体的传递和功能研究（31000410）”、陕西省自然科学基金项目“斑马鱼母源性溶菌酶的传递和功能研究（2010JQ3010）”、中国博士后基金项目“亲鱼免疫与斑马鱼母源性免疫的传递（2013M540729）”、陕西省博士后基金项目“斑马鱼母源性补体的作用机制研究”、渭南市基础研究计划项目“斑马鱼免疫球蛋白的个体发育研究（2015KYJ-2-5）”的资助下对斑马鱼的母源性免疫开展了一系列研究，积累了大量研究资料。本书在介绍鱼类母源性免疫研究进展的基础上，重点介绍了编者在本领域的研究成果。

全书分为 6 章，第一章介绍鱼类母源性免疫研究概况；第二章主要介绍鱼类母源性免疫球蛋白研究进展；第三章主要介绍鱼类母源性补体研究进展；第四章主要介绍鱼类其他母源性免疫因子；第五章主要介绍鱼类母源性免疫的跨代传递机制与影响因素；第六章主要介绍鱼类母源性免疫的开发与应用。书中涉及的主要参考文献统一列于书后，以便读者进一步查阅。

由于书中涉及内容广，加之作者水平有限，定有许多不足之处。敬请各位专家和读者批评指正。

王志平

2015 年 5 月

目　　录

作者简介
前言
第一章　鱼类母源性免疫概述……1
第一节　鱼类免疫学研究简史……1
一、国际鱼类免疫学研究简史……1
二、我国鱼类免疫学研究简史……2
第二节　鱼类的免疫组织与器官……2
一、胸腺……3
二、肾脏……4
三、脾脏……4
四、黏膜相关淋巴组织（黏膜免疫系统）……5
第三节　鱼类免疫系统概述……6
一、鱼类体液免疫……6
二、鱼类细胞免疫……8
第四节　鱼类母源性免疫及其对子代的保护作用……12
一、鱼类母源性免疫的发现……12
二、鱼类母源性免疫参与胚胎抗感染作用的实验证据……13
三、鱼类母源性免疫对子代的保护作用……16
第二章　鱼类母源性免疫球蛋白……19
第一节　鱼类免疫球蛋白研究概述……19
一、鱼类特异性免疫系统概述……19
二、鱼类免疫球蛋白研究进展……20
第二节　鱼类母源性免疫球蛋白的发现……23
第三节　鱼类母源性免疫球蛋白的功能……24
一、对子代的免疫保护作用……24
二、其他生物学作用……25
第四节　鱼类免疫球蛋白的个体发育……25

一、实验方法 …… 26
二、实验结果 …… 30
三、讨论 …… 32
第三章 鱼类母源性补体 …… 34
第一节 鱼类补体系统研究进展 …… 34
一、鱼类补体系统的组成与激活 …… 34
二、软骨鱼类补体系统研究进展 …… 36
三、硬骨鱼类补体系统研究进展 …… 36
四、鱼类补体的特异性 …… 37
五、鱼类补体的生物学活性 …… 40
第二节 鱼类母源性补体的发现及功能 …… 43
一、鱼类母源性补体的发现 …… 43
二、鱼类母源性补体的功能 …… 44
第三节 鱼类母源性补体的作用机制 …… 46
一、特异性抗体处理分析其作用机制 …… 47
二、离子螯合剂处理分析其作用机制 …… 49
三、特异性化学抑制剂处理分析其作用机制 …… 52
第四节 鱼类母源性补体的跨代传递及其对子代的保护作用 …… 54
一、材料与方法 …… 54
二、实验结果 …… 61
三、讨论 …… 69
第五节 鱼类补体系统的个体发育 …… 70
一、斑马鱼不同发育阶段中补体系统对 LPS 长期暴露的应答 …… 71
二、斑马鱼不同发育阶段中补体系统对 LPS 短期暴露的应答 …… 79
第四章 鱼类其他母源性免疫因子 …… 85
第一节 鱼类母源性溶菌酶 …… 85
一、鱼类溶菌酶概述 …… 85
二、鱼类母源性溶菌酶的发现 …… 86
三、鱼类母源性溶菌酶的功能 …… 87
四、鱼类溶菌酶的个体发育 …… 89
第二节 鱼类母源性凝集素 …… 91

一、鱼类凝集素概述 …… 91
二、鱼类母源性凝集素的发现及其功能 …… 92
第三节　鱼类卵黄蛋白原 …… 92
一、卵黄蛋白原概述 …… 92
二、鱼类卵黄蛋白原的发现 …… 93
三、鱼类卵黄蛋白原对子代的免疫保护作用 …… 93
第五章　鱼类母源性免疫的跨代传递机制与影响因素 …… 94
第一节　鱼类母源性免疫的跨代传递过程与机制 …… 94
一、鱼类母源性免疫球蛋白的传递过程与机制 …… 94
二、鱼类母源非特异性免疫因子的传递过程与机制 …… 96
第二节　鱼类母源性免疫跨代传递的影响因素 …… 97
一、遗传因素 …… 97
二、环境因素 …… 97
第六章　鱼类母源性免疫的开发与应用 …… 99
第一节　鱼类母源性免疫的应用前景 …… 99
第二节　提高鱼类母源性免疫跨代传递的主要措施 …… 99
一、亲鱼筛选 …… 100
二、亲鱼免疫 …… 100
三、营养保障 …… 101
四、其他措施 …… 101
第三节　鱼类母源性免疫的研究趋势 …… 102
主要参考文献 …… 103

第一章　鱼类母源性免疫概述

就生物的数量和物种的数量而言，鱼类是脊椎动物中的优势物种，并且在水生环境中鱼类的重要性也是不言而喻的。人们把鱼当做一种重要的食物来源，世界渔业也开始面临越来越大的压力。这些压力不仅来自过度捕捞，也来自于环境变化和污染对鱼类的有害作用。养殖业也是如此，养殖操作的紧张环境，鱼群的拥挤和其他压力，常常导致鱼类暴发疾病。另外，从系统进化角度考虑，鱼类是最早具有特异性免疫的纲，关于鱼类免疫系统的研究将有助于阐明人类免疫系统的起源和进化。因此，鱼类免疫学相关研究日益受到重视。

第一节　鱼类免疫学研究简史

一、国际鱼类免疫学研究简史

鱼类免疫学研究开始于 20 世纪初期。1903 年，Babes 和 Riegler 首次发现了丁鳗（*Tina valgaris*）可以产生凝集抗体。随后的近 40 年当中，许多学者逐步开始了鱼类免疫学的研究，如 Lele 等对鱼胸腺的研究。20 世纪 40 年代初，加拿大的 Duff 成功研制出了疖疮疫苗。从 20 世纪 40 年代到 50 年代末，由于抗生素药物的大量使用，使得鱼类免疫学研究的发展十分缓慢。到六七十年代，随着人类医学研究的快速发展，鱼类免疫学研究也逐渐进入了黄金时期。在这个时期，研究内容也相当广泛。1966 年，在美国的 Florida 州召开了鱼类免疫学会，提出了鱼类免疫应答的一些基本概念；1971 年，俄国学者 Lukyanenko 出版了第一本《鱼类免疫学》著作；1974 年，美国学者 Anderson 也出版了一本《鱼类免疫学》著作，对当时鱼类免疫学的应用做了全面的阐述；1975 年，疖疮疫苗进入了商品化生产和应用。因此，到 20 世纪 70 年代中期，鱼类免疫学雏形已基本形成。

进入 20 世纪 80 年代后，鱼类免疫学得到了更加迅速的发展。1981 年，在美国首次召开了鱼用疫苗和血清制品学会议；1984 年，在法国巴黎又举行了一次国际鱼类疫苗接种研讨会，对鱼类免疫学基础理论和应用技术进行了全面的总结。随着人类医学研究的深入和生物学研究手段的更新，20 世纪 90 年代以来，鱼类免疫学研究更加深入。人类和许多高等脊椎动物中所具有的 T 淋巴细胞、B 淋巴细胞、天然杀伤细胞、免疫球蛋白（immunoglobulin，Ig）和天然免疫因子等也相继在鱼类中发现。特别是 Ig 的研究已经进入分子水平。目前，已经有若干个鱼类 Ig 基因被克隆并进行了一级结构、基因重组和转录水平的剪接加工等研究，各种抗病疫苗也从灭活疫苗、化学疫苗、亚单位疫苗逐渐进入到基因疫苗的研制。关于鱼、虾免疫学的期刊 *Fish & Shellfish Immunology* 从 *Journal of Fish Biology* 中分离出来，专门报道该领域的最新研究和发展状况。但是总体看来，鱼类免疫学仍然是一门新兴学科。

二、我国鱼类免疫学研究简史

我国鱼类免疫学研究起步比较晚，从 20 世纪 80 年代才开始陆续有该方面的报道，并从人类医学免疫学的研究中独立出来。之后随着国际鱼类免疫学研究的不断深入，特别是随着国内外水产养殖业规模的不断扩大，鱼类病害防治和鱼类健康养殖日趋重要，鱼类免疫学的研究越来越受到学术界的重视。

现在，我国已将鱼类免疫学研究纳入国家重点支持的基础研究项目，陆续有很多科研院所和大专院校，如中国科学院水生生物研究所、中国科学院南海海洋研究所、中国科学院海洋研究所、国家海洋局第一海洋研究所、浙江大学、山东大学、山东师范大学和华中农业大学等开展了此方面的工作。相信在不久的将来，国内的鱼类免疫学研究不仅在研究鱼类免疫的基本规律上有所突破，同时在实践应用上也会具有更加广阔的前景。

第二节　鱼类的免疫组织与器官

免疫是机体识别“自身”与“非己”抗原，对自身抗原形成天然免疫耐受，对“非己”抗原产生排异作用的一种生理功能。生物体在识别和清除“非己”抗原过程中所产生的各种生物学作用总称为免疫功能，使机体发生免疫应答的物质基础即生物的免疫系统。鱼类的免疫功能还没有像高等哺乳动物那样发达，但鱼类已经具备了一个相当完善的免疫系统，在抵抗不良环境、保护鱼体健康的过程中发挥着重要作用。鱼类的免疫系统由免疫组织和器官、免疫细胞、免疫分子3个层次组成。

免疫组织是免疫细胞发生、分化、成熟、定居和增殖及产生免疫应答的场所。鱼类的免疫组织和器官包括胸腺、肾脏、脾脏和分散的淋巴组织。它与哺乳动物在免疫器官组成上的主要区别在于没有脊髓和淋巴结。Ellis等通过对鲑（*Salmo salar*）的研究发现胸腺是最早形成的淋巴组织，其次是肾脏和脾脏。

一、胸腺

胸腺通常被认为是鱼类的中枢免疫器官，也是最早出现的免疫器官。胸腺是鱼类淋巴细胞增殖分化的主要场所，向血液和外周淋巴器官输送淋巴细胞。从鱼类胚胎发育过程看，胸腺由第二鳃囊发育而成；但从解剖学看，胸腺上皮并没有完全从鳃上皮分离出来，它们是相连的，暗示着胸腺可能由鳃黏膜进化而来。胸腺位于鳃腔背后方，表面有一层上皮细胞膜与咽腔相隔，有效地防止了抗原性或非抗原性物质通过咽腔进入胸腺实质。鱼类胸腺是由淋巴细胞、淋巴母细胞、浆母细胞、分泌样细胞及其他游离间充质细胞、巨噬细胞、肌样细胞和肥大细胞等组成，它们分布于由网状上皮细胞形成的基质网孔中。

鱼类胸腺可分为内区、中区和外区，其中内区和中区在组织结构上分别类似于高等脊椎动物胸腺的髓质和皮质。在鲤鱼个体发育过程中，受精4周以后，胸腺“皮质”比“髓质”出现更多的程序性死亡细胞，说明了皮质中胸腺细胞的连续选择。硬骨鱼类胸腺中血管的排列结构与高等脊椎动物十分相似，提示硬骨鱼的胸腺中也可能存在形态学上的“血脑屏障”。Ellis等的实验也表明硬骨鱼的胸腺可能存在有选择渗透作用的特殊血管内皮。

胸腺在鱼类免疫应答中的作用可能是参与T淋巴细胞的成熟，在鱼类的细胞免疫和体液免疫方面发挥着重要作用。另外，鱼类胸腺随着性成熟和年龄的增长或在环境胁迫和激素等外部刺激作用下可发生退化，在一年内各月间胸腺细胞的数量、胸腺大小及其各区间的比例也呈现出规律性的变化。

20世纪70年代，Ellis和Parkouse的研究认为鱼类有类似哺乳动物的T细胞和B细胞，它们都来源于胸腺器官。Blaxhall等认为鱼类是由单一类型的淋巴细胞担负机体的免疫功能，而淋巴细胞的异质性反映在同一类淋巴细胞的不同发育阶段。80年代后，Tatner等用胸腺依赖性抗原与胸腺非依赖性抗原对照的研究证明了胸腺是T细胞源，Ellsasser等用鲴鱼的胸腺与抗外周血T细胞的抗体来研究应答作用，结果也证明胸腺中淋巴细胞是T细胞。现在已基本认为胸腺是T细胞的发源地，主要承担细胞免疫的功能。

二、肾脏

肾脏是成鱼体内最重要的淋巴组织。鱼类的肾脏分为头肾、中肾和后肾。在肾脏的发育过程中，成鱼的头肾逐步失去了排泄功能，但保留了造血和内分泌功能，从而成为造血器官和免疫器官。中肾作为排泄器官，在造血和免疫方面也有一定作用。

通常认为，头肾在鱼类的免疫应答过程中发挥着更为重要的作用。鱼类的头肾是继胸腺之后第二个发育的免疫器官，不依赖抗原刺激可以产生红细胞和B淋巴细胞等，相当于哺乳动物的骨髓；另外，受抗原刺激后，头肾和中肾的细胞都会出现增生，利用溶血空斑和免疫酶技术证实头肾和中肾中都存在着抗体分泌细胞，表明头肾是硬骨鱼类重要的抗体产生器官，相当于哺乳动物的淋巴结。因此可以说，硬骨鱼类的肾脏有哺乳动物中枢免疫器官及外周免疫器官的双重功能。在鱼类头肾中，B淋巴细胞总是散布于造血细胞和粒细胞生成细胞群中，并与黑色素巨噬细胞中心和血管紧密相连，提示它们在免疫防御中的协同作用。

三、脾脏

脾脏是鱼类免疫系统中最后发生的器官，也是唯一能在硬骨鱼中发现的淋巴结样器官。脾脏是鱼类红细胞、中性粒细胞产生、贮存和成熟的主要场所。有颌鱼类才出现真正的脾脏，软骨鱼的脾脏较大，内含椭圆体，主要是一个造血器官，可分为红髓和白髓，包括椭圆形的淋巴小泡，内有大量淋巴细胞、巨噬细胞和黑色素吞噬细胞。硬骨鱼类的脾脏虽然没有明显的红髓和白髓，但同时具有造血和免疫功能。另外，硬骨鱼类的脾脏内也有明显的椭圆体，具有捕集各种颗粒性和非颗粒性物质的功能。

与头肾相比，脾脏在体液免疫反应中处于相对次要的地位，而且受抗原刺激后其增殖反应以弥散的方式发生在整个器官上。有研究表明，硬骨鱼类在受到免疫接种后，其脾脏、肾脏等免疫器官的黑色素巨噬细胞增多，可与淋巴细胞和抗体聚集在一起，形成黑色素巨噬细胞中心，其作用主要包括 4 个方面：①参与体液免疫和炎症反应；②对内源和外源异物进行贮存、破坏和脱毒；③作为记忆细胞的原始发生中心；④保护组织免受自由基损伤。这与高等脊椎动物脾脏中的生发中心在组织与功能上相似。

四、黏膜相关淋巴组织（黏膜免疫系统）

黏膜免疫系统是指广泛分布于呼吸道、胃肠道、泌尿生殖道黏膜下及一些外分泌腺体处的淋巴组织，这些黏液组织存在一些分散的淋巴细胞生发中心，但不具备完整的淋巴结构。黏膜免疫系统主要包括淋巴细胞、巨噬细胞和各类粒细胞等。鱼类皮肤、鳃和消化道是病原侵入鱼体的门户，当鱼体受到抗原刺激时，巨噬细胞可以对抗原进行处理和呈递，抗体分子分泌细胞会分泌特异性抗体，与黏液中的溶菌酶、抗蛋白酶、转移因子、补体、几丁质酶等物质一起组成抵御病原微生物的有效防线。它们是鱼类抵抗环境病原体侵袭的最初屏障，在鱼类的免疫保护方面发挥着重要作用。

目前，关于鱼类黏膜淋巴组织研究较为详细的仅有虹鳟（*Oncorhynchus mykiss*）和鲑鱼。肠黏膜淋巴组织是鱼类主要的黏膜免疫反应位点，具有相对于系统免疫之外独立的免疫功能。Rombout 等曾研究发现鲤鱼肠上皮中有许多抗体阴性淋巴细胞，后肠中存在大量抗体阳性的巨噬细胞，固有膜中则有大量抗体阴性和阳性淋巴细胞及粒细胞并存。鲶鱼的胃肠道中有巨噬细胞和淋巴细胞。除肠道黏膜结合淋巴组织外，鱼类的腮中存在抗体分泌细胞，皮肤黏液中也存在抗体和溶菌酶等免疫因子。

鱼类黏膜免疫系统相对于系统免疫具有一定的自主性，不同的免疫接种途径会引起两种体液免疫应答显示出不同的动态规律。鱼体经腹腔注射免疫后，黏液抗体效价会随着血清抗体效价而变化，呈现出血清抗体向皮肤黏液渗透的现象。但是近年来的研究表明黏膜免疫和系统免疫应答机制并不一致。例如，通过浸泡免疫引起的系统免疫应答有时很弱甚至检测不到，但是并不表明鱼体没有产生免疫应答，而是免疫应答主要发生在鳃局部的黏膜免疫组织中，而且在某些情况下血清抗体的浓度与免疫保护并不相关；用颗粒抗原进行浸泡免疫时，皮肤摄取抗原的能力远大于鳃；免疫 24 d 后，大部分颗粒抗原仍停留在皮肤和鳃中，只有少数抗原被转运到头肾和脾脏中。Cain 等发现经肠道灌注可溶性抗原后，肠道黏膜的抗体水平出现高峰的时间早于血清，并认为黏膜抗体的产生并不依赖于外周血，而是在局部免疫应答中产生的；经腹腔免疫 4 周后，头肾、血液和鳃中抗体分泌细胞数量同时达到峰值，但直到第 7 周，肠中才有显著反应。鱼体经口腔免疫后，头肾、血液和肠中都出现抗体分泌细胞，但是鳃中几乎没有，而且在血清中可检测到的特异性抗体，在皮肤黏液中检测不到。经肛门插管注射抗原可诱导肠和皮肤黏液及胆汁中产生特异性抗体，而血清中没有。Xu 等也证实离体培养的皮肤还具有分泌特异性抗体的功能。这些证据都表明，黏膜免疫系统可独立于系统免疫，完成免疫应答。

第三节　鱼类免疫系统概述

像其他脊椎动物一样，鱼类有着强大的防御机制，可以抵抗微生物的感染。鱼类免疫系统可分为三大类：体液免疫、细胞免疫和黏膜免疫。

一、鱼类体液免疫

（一）特异性体液免疫

从进化方面看，鱼类是最早同时具有获得性免疫和先天性免疫的脊椎动物。鱼类经抗原刺激后会产生特异性体液免疫，在特异性体液免疫中最重要的是 Ig。研究表明，硬骨鱼类的血清中可能存在 3 种 Ig，即 IgM、IgD 和 IgT/Z。然而，正因为特异性免疫在鱼类最早出现，其功能与哺乳动物等温血动物相比显得很不完善。其抗体生成是温度依赖性的，作为一种变温动物，鱼类特异性免疫容易受到环境水温变化的影响，而且其抗体产生的数量和抗体的多样性比较有限。与哺乳动物和鸟类相比，鱼类抗体的形成期长，抗体滴度增加缓慢。

鱼类 Ig 主要以可溶性的抗体形式分泌于血液和其他体液中介导体液免疫，还可以作为抗原受体结合在 B 淋巴细胞膜表面，即膜表面免疫球蛋白。目前已经从 30 多种硬骨鱼的血清中分离出了 Ig。鱼类 Ig 的重要生物学活性为特异性结合抗原，并通过重链恒定区介导一系列生物学效应，包括激活补体、调理吞噬、胞外杀伤及免疫炎症等，最终达到排除外来抗原的目的。图 1-1 为斑马鱼两种适应性免疫反应示意图。

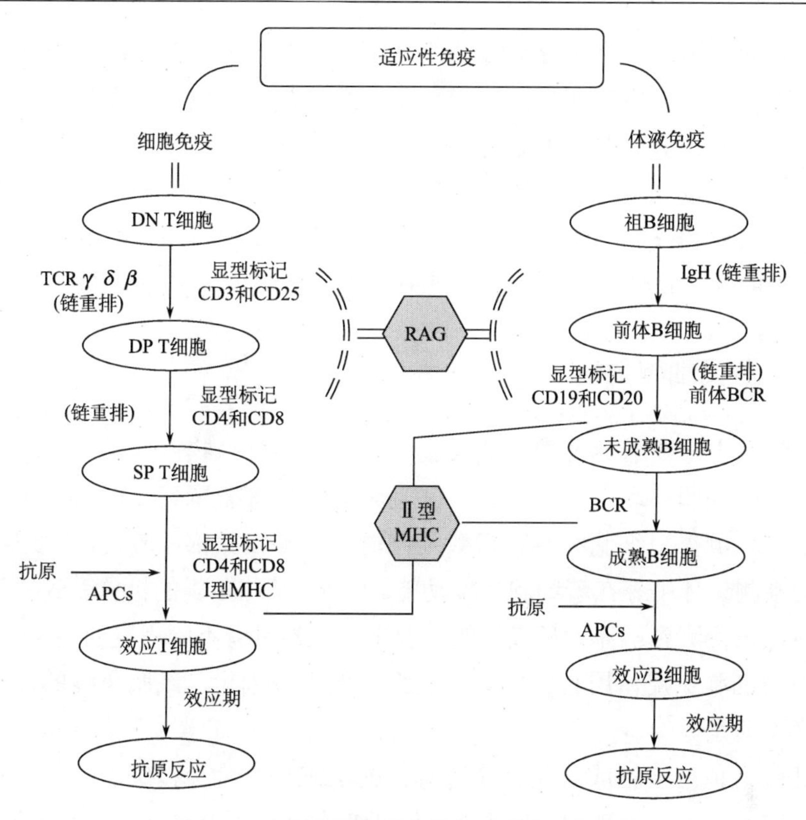

图 1-1　斑马鱼两种适应性免疫反应示意图

DN T 细胞指 $CD4^-/CD8^-$双阴性 T 淋巴细胞；DP T 细胞指 $CD4^+/CD8^+$双阳性 T 淋巴细胞；SP T 细胞指 $CD4^+/CD8^+$单阳性 T 淋巴细胞

鱼类的免疫球蛋白不仅存在于血清和组织液中，还存在于消化道、皮肤及鳃的黏液及胆汁中。与哺乳动物类似，鱼类的 Ig 亚型在基因型、结构、理化性质、生物学功能等方面各有差异。通常，IgM 是鱼类血液中含量最丰富的 Ig 亚型，其主要作用是抑制、凝集并溶解入侵体内的细菌；IgD 与 B 细胞的分化和发育密切相关；IgZ 可能是哺乳动物 IgA 的同源物，主要参与黏膜免疫反应。

（二）非特异性体液免疫

非特异性免疫激活迅速且对致病微生物具有广泛的抑制作用，故在鱼类中天然免疫要比温血动物（如哺乳动物和鸟类）担负更重要的作用，成为鱼类抵抗病毒、细菌等病原入侵的第一道重要的屏障。鱼类主要的非特异性体液免疫因子有以下几种：补体、干扰素、凝集素、溶菌酶、急性期蛋白等。

这些物质的作用一是直接分解细菌或真菌，如溶菌酶和补体；二是抑制细菌或病毒的复制，如急性期蛋白能使真菌、细菌和寄生虫的糖类和磷酸酯产生沉淀；三是作为调理素增加吞噬细胞的吞噬量或中和细菌。非特异性体液免疫因子不像免疫球蛋白那样仅特异性对某些抗原起作用，而是能够同许多种类的抗原物质和异物发生非特异性反应。它们对病原微生物和其他有害物质具有先天的无选择性的免疫功能，形成了鱼体内强大的多功能防御机制。

二、鱼类细胞免疫

硬骨鱼中存在着迟发型超敏反应、同种异体移植物排斥反应、混合淋巴反应、巨噬细胞移动抑制等现象，并且具有淋巴细胞毒素。用疫苗免疫某些鱼类之后，测得白细胞的吞噬指数及血清的调理指数都相应提高。这些现象使人们推测鱼体中存在着细胞免疫功能。另外，某些鱼类的机体受到侵染后，在体内还未检测到抗体大量表达的情况下，仍然具有不同程度的免疫保护力，这可能与细胞免疫作用具有一定的关系。但迄今为止，细胞免疫的详细生理机制尚不清楚。

凡参与免疫应答或与免疫应答有关的细胞均称为免疫细胞，主要存在于免疫器官和组织及血液和淋巴液中。免疫细胞分为两大类：一类是淋巴细胞，另一类是吞噬细胞。

（一）淋巴细胞

在哺乳动物中参与特异性免疫应答的淋巴细胞主要有两类，即 T 淋巴细胞和 B 淋巴细胞。Sizemore 等用抗斑点叉尾鮰（*Ictalurus punctatus*）免疫球蛋白的抗体从外周血细胞中分离出膜表面免疫球蛋白阳性（$SmIg^+$）细胞，虽然能与脂多糖（LPS）作用但只有在辅佐细胞存在时才能对刀豆蛋白 A（ConA）或 LPS 产生应答。Ellsaesser 等用 ConA 刺激斑点叉尾鮰胸腺细胞，发现在辅佐细胞存在时出现增生，但也有少数细胞对 LPS 产生应答。以上报道中的 $SmIg^+$细胞或胸腺细胞对 LPS 产生应答，说明细胞分离技术不够成熟或是胸腺中滞留有少量 B 细胞。Blaxhall 等用 Percoll 不连续密度梯度对褐鳟（*Salmo trutta*）外周血淋巴细胞进行分离，发现分布于低密度的淋巴细胞大多表面光滑，对 PHA 的刺激较敏感，可能相当于哺乳动物的 T 细胞；而分布于高密度的淋巴细胞大多表面被毛，电镜观察发现其胞质内具有较多线粒体，可能相当于哺乳动物的 B 细胞。另外，当使用抗鱼类免疫球蛋白的多抗时，几乎所有淋巴细胞都呈现出 $SmIg^{+}$反应，这可能是因为多抗具有抗碳水化合物活性，与所有淋巴细胞非特异性发生反应。近年来，单克隆抗体技术、分子生物学技术和流式细胞术等新技术的应用，为淋巴细胞的辨别和分离提供了有效的手段和有力的证据，从而证实了鱼类同样存在相当于哺乳动物 T 细胞、B 细胞的两类淋巴细胞。

针对免疫球蛋白或 T 细胞、B 细胞的单克隆抗体，现已被用来研究个体发育中各组织不同淋巴细胞的分布和组成。鲤（*Labeo rohita*）在孵化后几周内，T 细胞在胸腺中达到 70%，在头肾中也有分布。但是以后除胸腺外，其余免疫器官中的 T 细胞逐渐减少甚至消失；孵化后第 2 周 B 细胞在头肾中出现，随后出现在脾和血液中，但是在胸腺和肠道中却很少。

在成体鱼类的头肾、脾和外周血中 B 细胞通常达到 22%～40%，而胸腺中仅有 2%～5%。在大菱鲆（*Scophthalmus maximus*）和海鲈（*Dicentrarchus labrax*）的肠黏膜和黏膜下层分布有较多的 T 细胞，而 B 细胞主要在固有层中参与黏膜免疫应答。

现在已经明确，T 细胞主要来源于鱼类的胸腺，B 细胞主要来源于头肾。硬骨鱼的 B 淋巴细胞能够表达膜表面免疫球蛋白，而 T 淋巴细胞则不能产生免疫球蛋白。两种淋巴细胞在外周血中都存在。利用分子生物学技术和流式细胞术等手段来区分两种类型的淋巴细胞，为淋巴细胞的研究提供了更加准确的技术保证。

（二）吞噬细胞

鱼类吞噬细胞除作为辅佐细胞具有特异性免疫功能外，也是组成非特异性防御系统的关键成分，在抵御微生物感染的各个阶段发挥重要作用。其中，黏膜吞噬细胞构成抗感染的第一道屏障；单核细胞和粒细胞等血细胞作为第二道防线可以破坏出现在循环系统中的病原生物；最后器官和组织中具有吞噬活性的细胞能够摄取和降解微生物及其产物。

鱼类的吞噬细胞主要包括单核细胞、巨噬细胞和各种粒细胞。其中，单核细胞与哺乳动物相似，有较多的胞质突起，可进行活跃的变形运动，具有较强的黏附和吞噬能力，能够在血流中对异物和衰老的细胞进行吞噬消化。

当受到微生物侵扰时，机体炎症反应的核心细胞是巨噬细胞和粒细胞，它们能够被微生物的有害产物激活并产生更多更有效的抗微生物因子。

1. 单核细胞

单核细胞存在于所有脊椎动物中，环境污染或疾病感染都能引起鱼类血液中单核细胞数目显著增加。与哺乳动物相似，鱼类单核细胞也有较多的胞质突起，细胞内含有较多的液泡和吞噬物，可进行活跃的变形运动，具有较强的黏附和吞噬能力，能够在血流中对异物和衰老的细胞进行吞噬消化。单核细胞是在造血组织中产生并进入血液的分化不完全的终末细胞，它还可以随血流进入各组织并在适宜的条件下发育成不同的组织巨噬细胞。

2. 巨噬细胞

巨噬细胞在不同组织中有多种类型，在同一组织也有不同亚类，如Neurnannl等在鲫（*Carassius auratus*）头肾白细胞培养物中分离出形态、细胞化学和杀菌机制不同的三类巨噬细胞。在免疫应答过程中，当病原微生物表面覆盖有免疫球蛋白和补体成分时，巨噬细胞可以通过这些因子的特异性受体识别并杀伤微生物。巨噬细胞膜表面的碳水化合物受体同样有助于对入侵微生物的识别和吞噬。在诸如炎症反应中，巨噬细胞可以分泌许多生物活性物质，包括酶、防卫素、氧代谢物、廿碳四烯酸代谢物和细胞分裂素等。巨噬细胞接触病原微生物后，还能够生成肿瘤坏死因子α（TNF-α），增强巨噬细胞呼吸激增作用，从而促进活性氧离子和氮离子的释放来杀死微生物。另外，巨噬细胞可以通过对其表面主要组织相容性复合体（major histocompatibility complex，MHC）分子中抗原的呈递、对淋巴细胞功能的调节、对自身及其他细胞生长复制的控制等途径来操纵机体的免疫应答。现已发现多种物质，包括干扰素、某些多肽和蛋白质、脂多糖及β(1,3)-葡聚糖等，可使巨噬细胞形态特征改变、分泌物增多、吞噬和胞饮能力增强。巨噬细胞聚集或黑色素巨噬细胞中心的检测，可望作为衡量鱼体健康水平及环境污染状况的生物标志。

3. 粒细胞

鱼类的粒细胞，根据其来源、形态及功能，可分为三类，即中性粒细胞、嗜酸性粒细胞和嗜碱性粒细胞。软骨鱼类粒细胞生成的主要部位是脾脏和其他淋巴髓样组织，如薄壁囊器（epigonal organ）和莱狄希器（organ of leydig）；硬骨鱼类粒细胞生成的主要场所则是脾和肾。

中性粒细胞是硬骨鱼类中最常见的粒细胞。其超微结构在各种鱼类间大不相同，主要表现在其胞质颗粒的形态结构上。多数硬骨鱼类中性粒细胞颗粒内具有晶体样或纤维状的内涵物，而有些硬骨鱼类相应细胞颗粒内却不存在这样的亚结构。因此，纤丝等亚结构并非所有硬骨鱼类中性粒细胞颗粒内的鉴别性特征，这种结构差异可能与细胞的成熟度有关，而并非细胞亚类的不同。鱼类中性粒细胞具有活跃的吞噬和杀伤功能，但其吞噬能力一般比单核细胞弱。Waterstrat 等研究发现，斑点叉尾鮰的中性粒细胞具吞噬活性，可以杀死细胞。鱼类中性粒细胞出现于炎症初期（12～24 h），其功能可能是产生细胞因子和补充免疫细胞到达损伤处。另外，在适当刺激下，鱼类中性粒细胞也显示出化学发光性和趋化性。

嗜酸性粒细胞的前体产生于造血淋巴器官，随着血液循环进入不同器官（如鳃和肠道），然后分化成为粒细胞，但仍然具有有丝分裂的能力。电镜下，鱼类嗜酸性粒细胞颗粒内的晶状结构及核型是其形态鉴定的可信依据。鱼类的嗜酸性粒细胞和哺乳动物的肥大细胞在细胞染色、分化途径及免疫功能上存在着相似性，在急性组织损伤和细菌感染的情况下能够脱颗粒，释放颗粒中的活性成分。鱼类嗜酸性粒细胞也具有吞噬能力，在寄生虫长期感染的情况下能够聚集在寄生部位，参与机体抵御寄生虫的免疫反应。

鱼类是否同时具有嗜酸性粒细胞和嗜碱性粒细胞，争议较大。有些鱼类这两种细胞均未见到；而大多数鱼类仅具前者；只有少数鱼类才有嗜碱性粒细胞。徐豪等认为嗜碱性颗粒在制片过程中极易解体，因此很难观察到嗜碱性粒细胞。

（三）非特异性细胞毒性细胞

鱼类的非特异性细胞性毒细胞在功能上被认为相当于哺乳动物的天然杀伤细胞（natural killing cell, NKC），它们能够溶解多种哺乳动物的传代细胞，也能够溶解鱼类寄生原虫。在鲨鱼中，这种具有自发的细胞毒性作用的细胞被认为是巨噬细胞。然而在硬骨鱼类中，另有一种较小的淋巴细胞样细胞参与了这种细胞毒性作用。与哺乳动物 NKC 不同的是，这类细胞的胞浆内没有颗粒，并且它们的细胞核具有多种晶形状态。非特异性细胞毒性细胞能从白细胞活性最强的组织如血液、 淋巴组织及肠道中获得，在肾脏有 15%～20%的白细胞被认为是 NKC。

近来在 NKC 上发现了一种参与识别靶细胞的功能相关分子（function-associated moleculer，FAM）， 这种 FAM 被认为是一个类维生素物质，抗 FAM 的抗体能抑制 NKC 的活性，因此，这种假定的抗原受体也成为鉴定、分离鱼类 NKC 的一种标记物。图 1-2 为鱼类免疫机制简图。

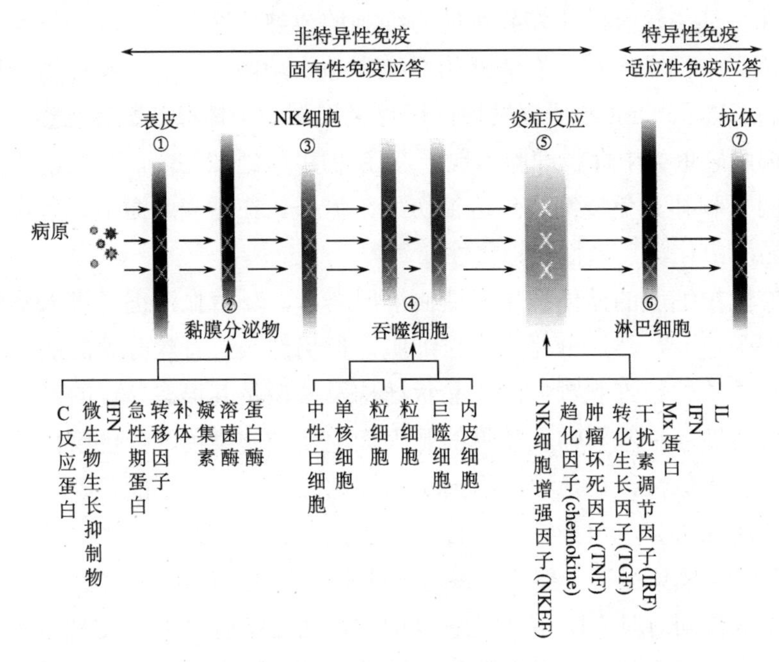

图 1-2　鱼类免疫机制简图

第四节　鱼类母源性免疫及其对子代的保护作用

一、鱼类母源性免疫的发现

母源性免疫即母体传递给子代的免疫力。动物在个体发育早期不具备或仅具备极其有限的免疫应答能力，它们主要依靠母源性免疫来抵抗各种病原微生物的攻击。关于鸟类和哺乳动物抗体的母体传递已有 100 多年的研究历史，其中关于母源性抗体的传递机制已基本阐明，影响母源性免疫的因素及其对子代的保护作用也有许多相关报道，而且已将母源性免疫成功应用于家禽养殖中。相比之下，关于鱼类母源性免疫的研究及开发利用还十分有限。

鱼类的免疫活性决定于淋巴细胞的功能活性，而不是初级（thymus）、次级（peripheral）和外围淋巴器官（肾、脾和鳃相关的淋巴组织）的形态学特征及这些器官中淋巴细胞的存在。鱼类胚胎在孵化时，淋巴系统仍处于发育之中，成鱼所拥有的免疫活性尚不存在，而且胚胎合成免疫相关成分的能力也很有限。鱼类的胚胎和幼体在发育过程中一直暴露于含有各种病原体的水环境中，但是关于鱼类个体发育早期（特别是淋巴器官成熟前和获得免疫活性之前）的免疫机制的研究还很少，而且鱼类胚胎是否具有完整的免疫反应能力，至今尚未清楚。因此鱼类在个体发育早期如何抵抗病原攻击就成为广大水产养殖工作者和育苗工作者关注的热点之一。最初一些学者推测，亲鱼的免疫作用可以通过卵子被动地转移，使其仔鱼获得一定的保护作用。目前，已在鱼类的卵子、胚胎和早期幼鱼中检测到抗体、蛋白酶抑制剂、凝集素、溶菌酶和补体等免疫相关分子。由于卵母细胞、受精卵和胚胎中均不能合成凝集素、溶菌酶和 IgM，它们被认为是来源于母体的免疫物质，而且在硬骨鱼类胚胎发育和早期胚后发育中可能起着重要的作用。另外，最新研究表明无脊椎动物斑节对虾（*Penaeus monodon*）和蜜蜂（*Bombus terrestris*）及头索动物文昌鱼（*Branchiostoma belcheri*）也能够向子代传递母源性免疫。

目前，关于水体中病原微生物对鱼类胚胎和胚后发育阶段的危害的研究还很少见到。在鲑科鱼类，已发现鲑（*Salmo salar*）肾细菌可由母体进入卵，使胚胎染毒并在以后发育中发病，这表明在鱼类胚胎发育过程中的确会受到病原微生物的侵害，因此，母源性免疫力的发现不仅具有理论意义，而且在养殖生产上也具有潜在的应用价值。人们试图增加卵中凝集素、溶菌酶或 IgM 含量来获得高免疫力的鱼苗，但到目前为止母源免疫力对胚胎的保护作用及其与自身免疫系统发育和功能的完善之间关系尚值得进一步的研究。

二、鱼类母源性免疫参与胚胎抗感染作用的实验证据

渗透压对细胞的生长和免疫反应十分重要，细胞内外分子浓度不同可引起水分进入或离开细胞，进而改变细胞内的环境。因此，病原菌进入鱼类胚

胎后可能会因体内外渗透压差异而进水或脱水致死，也可能会因为胚胎内免疫因子的作用而致死。对此，我们通过实验证实了斑马鱼胚胎中的母源性免疫因子是其发挥抗感染作用的主要机制，物理因素即渗透压差异不会导致入侵细菌死亡。

（一）材料与方法

1. 大肠杆菌的培养及处理

将革兰阴性菌 *E.coli*（P8760）在 LB 液体培养基中 37℃培养至对数生长期。将菌液离心（4 ℃，3000 *g* 离心 10 min），弃去上清。用无菌生理盐水将菌体洗涤 3 次，并稀释至菌数约 1×10^6 个/mL 待用。

2. 斑马鱼饲养及卵子匀浆液的制备

将性成熟的斑马鱼雌雄分开，饲养于玻璃缸内。缸内连续充气，温度控制在（26±1）℃。产卵前一天晚上将雌鱼和雄鱼以 2∶1 放入产卵缸，第二天早上收集卵子（2～8 细胞期）。用灭菌蒸馏水洗涤卵子后，迅速置于冰上匀浆（2000 r/min，10 s/次，3 次）并离心（4 ℃，15 000 *g* 离心 30 min），取上清即得斑马鱼卵子胞浆，分装后，–70 ℃保存待用。用渗透压测定仪测定卵子胞浆的渗透压摩尔浓度。

3. 扫描电镜观察

将400 μL斑马鱼卵子胞浆与20 μL菌悬液（1×10^6 个/mL）混合后于25 ℃ 100 r/min 培养 2 h。将该反应体系 5000 *g* 离心 10 min，弃去上清，加入 100 μL 2.5%戊二醛固定液（以灭菌 PBS 配制）重悬菌体并于 4 ℃冰箱中固定过夜。对照组以灭菌生理盐水代替斑马鱼卵子胞浆。次日将固定的大肠杆菌离心（4 ℃，5000 *g* 离心 10 min），弃去上清，以缓冲液洗涤 3 次后，用 1%的四氧化锇固定，再经脱水干燥，金属镀膜后在 JEOL JSM-840 扫描电镜下进行观察。

4. 斑马鱼卵子胞浆抗菌活性的 PCR 检测

取 20 μL 菌悬液加入 400 μL 卵子胞浆中，以灭菌生理盐水将体积调至 500 μL 后于 25 ℃孵育 2 h（以灭菌生理盐水代替卵子胞浆做对照）。离心（4 ℃，5000 *g* 离心 10 min）后，将菌体作 DNA 模板重悬于 20 μL PCR 反应体系中。

PCR 反应体系为：

10×Buffer	2.5 μL
dNTP mix	2 μL
sense Primer	0.5 μL
anti-sense Primer	0.5 μL
Ex *Taq*	0.125 μL
H_2O	18.875 μL

大肠杆菌 16S rRNA 的特异性引物为：上游引物 5′-AGAGTTTGATC-CTGGCTCAG-3′和下游引物 5′-ACGGGCGGTGTGTA/GC-3′。PCR 反应条件为：95 ℃预变性 5 min；95 ℃ 变性 30 s、 45 ℃ 复性 30 s、72 ℃ 延伸 1.5 min，共 38 个循环；最后 72 ℃延伸 10 min 并于 4 ℃保存。扩增结束后对产物进行 1%琼脂糖凝胶电泳。

（二）结果与分析

实验结果表明，卵子胞浆对大肠杆菌具有明显的抑制作用，抑制率为 50.7%，扫描电镜观察证实了斑马鱼卵子胞浆对大肠杆菌具有显著的溶菌活性（图 1-3）。从图中可以看出，对照组大肠杆菌菌体饱满，细胞表面光滑（图 1-3A）。而处理组则菌体变形、细胞结构不完整或者细胞表面粗糙（图 1-3B）。由此可以推测，斑马鱼卵中的免疫活性物质能够破坏细菌的细胞壁结构，导致细胞壁破裂，胞内物质溢出，从而引起细菌死亡。

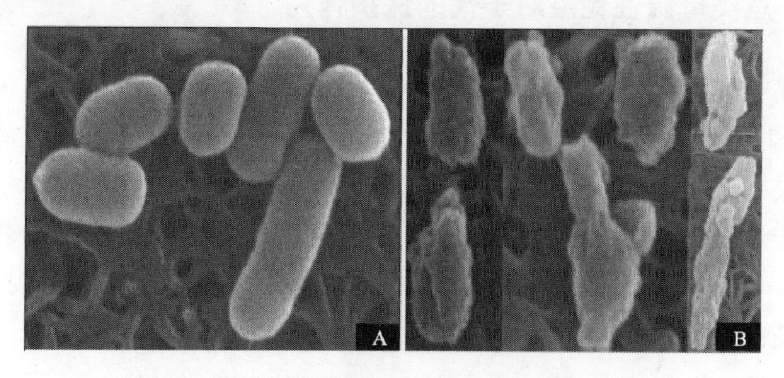

图 1-3　斑马鱼卵子胞浆对大肠杆菌的损伤电镜图

A.对照组；B.处理组

图 1-4 为斑马鱼卵子胞浆抗菌活性的 PCR 检测结果。以处理组大肠杆

菌做模板的 PCR 扩增产物信号显著低于对照组，表明卵子胞浆对大肠杆菌具有一定的溶菌作用。大肠杆菌与卵子胞浆共同孵育后，部分菌体被溶解，内部 DNA 分子溢出，导致离心收集的 DNA 模板量低于对照组，因此 PCR 产物量低于对照组，电泳检测所得条带信号比对照组弱。值得注意的是，处理组的电泳信号仍然比较亮，表明仍有部分细菌未被溶解，换言之，卵子胞浆的溶菌活性比较有限，这与鱼类卵子的抗感染能力比较弱相一致。

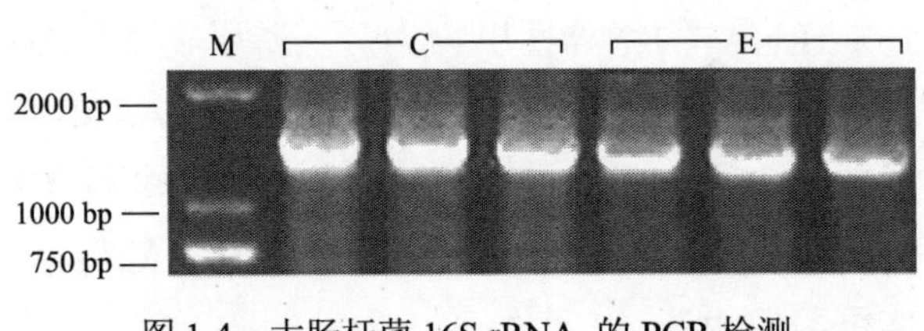

图 1-4 大肠杆菌 16S rRNA 的 PCR 检测

M.Marker；C.对照组；E.处理组

另外，斑马鱼卵子胞浆的渗透压为 37 mOsmol/L，远远低于生理盐水的渗透压（286 mOsmol/L）。但是，大肠杆菌在生理盐水中悬浮 2 h 后，将其涂于 LB 固体培养上仍然生长良好，表明卵子胞浆的低渗透压环境并不是引起大肠杆菌溶解或者变形的主要因素。由此推测，胚胎中的母源性免疫因子才是产生溶菌效应的主要机制。

三、鱼类母源性免疫对子代的保护作用

哺乳类和鸟类从母体传递给子代的 Ig 种类和数量不仅与母体本身的 Ig 种类和数量呈正相关，而且子代中母源性 Ig 的种类和数量可能在一定程度上决定其存活力。母源性 Ig 在子代循环系统中的持续时间主要取决于母体传递给子代的 Ig 总量。目前，母源性免疫已被用于家禽养殖中。例如，对产卵的鸡进行免疫可以为其子代提供被动免疫力，从而提高子代的抗感染能力。

（一）直接作用

母体免疫力可以直接影响子代的免疫功能，从而对子代起到保护作用。首先，母源性免疫能够扩展子代的免疫库（immune repertoire），即母源

性免疫能够提高子代免疫库的多样性。哺乳动物在胎儿期所拥有的 Ig 水平会影响其生命后期感染病原后所表达的细胞库。用单克隆抗体处理哺乳动物晚期胎儿会引起 B 细胞库和 T 细胞库的选择与扩展。

其次，母源性免疫能够提高子代的免疫反应。关于鱼类母源性抗体对子代的免疫保护作用也有许多报道。有研究表明，亲鱼免疫后所得仔鱼的免疫活性与仔鱼和亲鱼中的特异性抗体水平呈正相关。例如，Swain 等利用嗜水气单胞杆菌免疫雌性鲤鱼（*Labeo rohita*）后，其子代受到同种病原菌感染时的死亡率明显低于未免疫雌鱼的子代，说明鲤鱼的母源性抗体对子代具有重要保护作用。向鲑鱼亲鱼注射兔抗弧菌的抗体后，该外源抗体也可以由亲鱼传递给其后代，并对后代起到免疫保护作用。王鸿淼等利用显微注射实验发现，斑马鱼（*Danio rerio*）胚胎中较高的特异性母源 IgM 水平能够降低胚胎在遭遇同种病原感染后的死亡率，再次证明了鱼类母源性 IgM 参与胚胎早期免疫。关于孔雀鱼（*Poecilia reticulata*）、鲽（*Pleuronectes platessa*）、罗非鱼（*Oreochromis aureus*）等鱼类的研究也发现母源性抗体存在抑菌活性，有抑制病菌感染的作用，能增强子代抗病力。

另外，免疫亲鱼不仅可以提高子代的抗体水平，还可以提高子代中补体、溶菌酶和蛋白酶抑制剂等非特异性免疫因子的活性，从而提高子代的抗感染能力。由此可以推测，亲鱼接触病原后产生免疫应答（包括特异性和非特异性免疫），合成免疫相关蛋白，这些免疫因子中至少一部分可以传递给子代，使子代有效抵抗类似病原的感染。

最后，母源性免疫可有效防止病原微生物由亲鱼向子代传递。例如，Yousif 等发现大麻哈鱼（*Oncorhynchus keta*）卵子中的母源性溶菌酶有助于防止细菌从母体向子代的垂直传递。

（二）间接作用

有关哺乳动物的研究表明，母源性免疫可以提高子代的生长速度，从而对子代起到间接的保护作用。奶牛母体的血清 IgG 含量与其子代的生长速度正相关。Gustafsson 等还发现 Ig 缺陷型大鼠哺育的后代生长速度会降低。由此可以得出，母源性 Ig 的传递有助于提高子代的生长速度。其原因可能是传递的母源性 Ig 降低子代的免疫反应消耗（Ig 合成需消耗大量的营养物质和能量），从而使营养成分和能量等可以更多地用于生长发育。

通常情况下，生长速度快、个体较大的幼体竞争力较强，能够获得足够的食物资源，从而其存活力也强。因此，母源性 Ig 传递在提高子代生长速度的同时，也可以间接提高子代的存活能力，对其产生保护作用。然而，关于鱼类母源性免疫对子代的这种间接保护作用尚缺乏研究。

第二章　鱼类母源性免疫球蛋白

鱼类是最早产生 Ig 的生物。鱼类经抗原刺激后会产生特异性体液免疫，在特异性体液免疫中最重要的是 Ig。由于高等脊椎动物的特异性免疫系统特别发达，因此关于其母源性免疫的研究主要集中在母源性 Ig。受高等脊椎动物母源性免疫研究的影响，在鱼类母源性免疫研究早期也以母源性 Ig 为主，研究内容主要包括亲鱼和胚胎、幼鱼中母源性 Ig 的鉴定、跨代传递过程及其对子代的保护作用。

第一节　鱼类免疫球蛋白研究概述

一、鱼类特异性免疫系统概述

鱼类 Ig 主要以可溶性的抗体形式分泌于血液和其他体液中介导体液免疫，还可以作为抗原受体结合在 B 淋巴细胞膜表面，即膜表面免疫球蛋白。目前，已经从 30 多种硬骨鱼的血清中分离出了 Ig。鱼类 Ig 的重要生物学活性为特异性结合抗原，并通过重链恒定区介导一系列生物学效应包括激活补体、亲和细胞而导致吞噬、胞外杀伤及免疫炎症等，最终达到排除外来抗原的目的。

鱼类的免疫球蛋白不仅存在于血清和组织液中，还存在于消化道、皮肤及鳃的黏液及胆汁中。但关于硬骨鱼皮肤或肠黏膜中发现的抗体是否与血清抗体一致有很多说法。有人认为黏膜抗体似乎是由局部组织淋巴细胞产生的，与血清抗体无关。陈昌福和杨桂文等的研究似乎都证明，无论是草鱼还是鲤鱼的皮肤、胆汁还是肠黏膜的免疫球蛋白都与血清中免疫球蛋白的某些理化特性和免疫原性很相似。但菱羊鲷（*Archosargus probatocephalus*）的皮肤黏液中有 2 种 Ig，一类与血清 Ig 相似，也为四聚体，而另一种则为二聚体。因此，对黏膜抗体的来源和理化性质等还有待深入研究。

与哺乳动物和鸟类相比，鱼类抗体的形成期长，抗体滴度增加缓慢。Ellis 向鲽鱼注射牛血清蛋白后 3 d 在脾和肾脏中找到了相应的抗原抗体复合物，17 d 后才在血清中找到了相应抗体。另外，抗体生成受温度影响，在一定温度范围内，硬骨鱼类体内抗体的产生随温度升高而加快，但因鱼的种类而不同，如镜鲤低于 12 ℃便无抗体生成，而鳟的免疫临界温度可低于至 5℃。

二、鱼类免疫球蛋白研究进展

（一）软骨鱼免疫球蛋白

Ig 等关键的适应性免疫因子都是从软骨鱼类开始出现，因此软骨鱼类在免疫系统的进化中占有重要地位。在软骨鱼类的血清中有很高的抗体滴度，但软骨鱼类与哺乳动物的体液免疫之间存在很大区别，半抗原刺激软骨鱼类时只能产生低亲和力和弱特异性的抗体，有些情况下相同半抗原再次刺激时检测到的抗体浓度还会显著降低。

软骨鱼类的血清中目前发现有 3 种 Ig，即 IgM、IgW 和 IgNAR。前两类都具有经典的重链-轻链构成，分别与哺乳动物的 IgM 和 IgG 相似，而 IgNAR 则仅仅发现于护士鲨（*Ginglymostoma cirratum*）中，是重链的同源二聚体，不含轻链。另外，进化分析发现 IgNAR 的 V 区与软骨鱼 IgM 或 IgW 的 V_H 的关系较远，却与 T 细胞受体（T cell receptor, TCR）及 Ig 轻链的 V 区关系较近。

软骨鱼 IgM 的分子质量约 900 kDa，沉降系数 19S，而 IgW 的分子质量约 150 kDa，沉降系数 7S。角鲨（*Heterodontus francisci*）和沙洲鲨（*Carcharhinus plumbeus*）血清 Ig 具有 19S 的五聚体和 7S 的单聚体 2 种形式，且这 2 种 Ig 皆由同一类 L 链和 H 链组成。运用电泳和免疫印迹技术，发现鲟鱼血清的优球蛋白类似于 IgM，由等分子数的 70 kDa 的 H 链和 26～30 kDa 的 L 链组成，可以形成（H_2L_2）$_n$ 形式的单聚体或多聚体，也可形成 L_2 形式的二聚体。宽纹虎鲨（*Heterodontus japonicus*）的血清中含有分子质量分别为 900 kDa 和 180 kDa 的 2 种 Ig 分子，二者的 H 链分子质量皆为 68 kDa，且抗原性相同，但它们的 L 链经 SDS-PAGE 电泳时出现 2 条带，分子质量分别为 25 kDa 和 22 kDa，类似高等脊椎动物的 κ 链和 λ 链。

从斑鳐（*Raja kenojei*）的血清中也分离出 2 种 Ig。一种为五聚体，分子质量为 840 kDa，沉降系数为 18S，被认为是斑鳐的 IgM，其 H 链分子质量为 70 kDa。另一种为二聚体，分子质量为 320 kDa，沉降系数是 8.9S，它由 2 个分子质量为 150 kDa 的单体通过非共价键聚合而成，H 链分子质量为 45～

50 kDa。进一步研究还发现二者的 H 链皆有自己的特异性抗原决定簇，说明它们属于不同的 Ig 亚型。

（二）硬骨鱼免疫球蛋白

鱼类和哺乳类在免疫器官上存在很大区别，鱼类不具有骨髓、淋巴结和派尔斑，胸腺、肾脏和脾脏是其最主要的免疫器官。硬骨鱼类中，除血清外，分泌型 Ig 主要存在皮肤、肠道和胆汁中。相对于软骨鱼类中发现的 3 种 Ig 亚型，目前已在硬骨鱼类发现了 3 种 Ig 亚型。

1. IgM

硬骨鱼类的 IgM 虽然与哺乳动物 IgM 在序列上具有同源性，但它们在分子结构、抗原决定簇、分子质量、沉降系数、重链类型和半衰期等方面具有很大差异。表 2-1 对硬骨鱼、软骨鱼和哺乳动物中 3 种 IgM 进行了比较。

表 2-1　鱼类免疫球蛋白与哺乳动物 IgM 的比较

	硬骨鱼	软骨鱼	哺乳动物
分子结构	四聚体	五聚体	五聚体
抗原决定簇	8	10	5～10
分子质量/kDa	600～900	900	900
沉降系数/S	19，16	19	19
重链类型	类 μ 链	类 μ 链	μ 链
重链分子质量/kDa	60～80		70（人）
轻链分子质量/kDa	20～30		28（人）
半衰期/d	14（18 ℃）		5（人）

硬骨鱼的 IgM 单体通常通过非共价键结合成四聚体，但也有其他的多聚体形式，这可能是硬骨鱼产生抗体多样性的一种机制。硬骨鱼 IgM 既能够以分泌形式表达到体液中，还能够以膜结合形式表达到 B 淋巴细胞表面。分泌形式与膜结合形式的 IgM 重链均由同一 mRNA 前体以不同方式剪接翻译而来。分泌型 IgM 都具有 VH1-n-D1-n-CH1-CH2-CH3-CH4 结构域，而膜结合型 IgM 则具有两个额外的跨膜外显子（TM1 和 TM2），TM 可与 CH3 结构域直接连接，也可与 CH4 结构域直接连接。分泌型 IgM 由 B 细胞分泌，出现于血液和

其他体液，作为免疫效应分子存在；而膜结合型 IgM 分子则被嵌入 B 细胞膜，作为抗原受体而存在，它和辅助分子结合成 B 细胞受体复合物而发挥作用。

2. IgD

IgD 是硬骨鱼中发现的第二类 Ig 分子。1997 年首先在斑点叉尾鮰中发现了一类与哺乳动物 IgD δ 链相似的嵌合基因。该基因含有 1 个重排的可变区、μ 链的第 1 个恒定区及 1 个 δ 基因同源物编码的 7 个恒定区。该基因位于 IgH 基因组且位于 μ 链基因下游，与哺乳动物 δ 链具有同源性，且同完整的 μ 链基因在一些 B 细胞共表达，具有分开的编码分泌型和膜结合型的末端外显子。目前，已在大西洋鳕（*Gadusmor hua*）、红鳍东方鲀（*Takifugu rubripes*）、大西洋鲑（*Salmo salar*）和大西洋大比目鱼（*Paralich thysolivaceus*）中发现了类似基因。重链组成的多样性是硬骨鱼类 IgD 最显著的特点，在其他脊椎动物的 Ig 基因中从未发现这种重链结构的多样性。

现有研究表明，鱼类 δ 链是通过 mRNA 前体的可变剪接来表达，其 cDNA 与哺乳动物的 δ 链基因在结构上有很大区别。另外，不同鱼类的 δ 链基因在外显子数目和排列方式及重复排列的数目等方面也有明显的差别。例如，大西洋鲑、斑点叉尾鮰和大西洋大比目鱼的 δ 链基因都有 7 个恒定区外显子，但斑点叉尾鮰和大西洋鲑存在 δ2-δ4 串联复制；大西洋鳕存在 δ1 和 δ2 串联复制，但缺失 δ3-δ6 四个恒定区。

目前，关于鱼类 IgD 的研究主要集中在基因克隆与表达模式方面，如已有研究发现红鳍东方鲀 IgD 基因主要在脾脏、头肾和中肾表达，鳜鱼和大西洋鲑的 IgD 阳性细胞主要分布在头肾和脾脏。相比之下，关于鱼类 IgD 的功能研究比较少，目前认为其主要功能可能是 B 细胞的受体，但其表达量很低，在鱼类免疫应答中的作用尚不清楚。此外，鱼类 IgD 基因的不同剪接模式对其功能的影响还需要进一步研究。

3. IgZ

IgZ 是首先在斑马鱼中发现的一种新的重链类别，故称之为 IgZ。用 RT-PCR 的方法对斑马鱼的 IgZ 和 IgM 组织表达情况分析表明，IgZ 在受精后 2 周时就已经有较高表达，然而 IgM 的表达在开始时很低，在受精后 1 个月才开始升高，但是 IgZ 的表达只能维持到 12 个月，IgM 的表达却可以持续到

18～24 个月。Danilova 指出斑马鱼 IgZ 作为一种“类先天免疫”因子在个体发育早期发挥举足轻重的保护作用。IgZ 被认为可能是脊椎动物中最后一类被发现的 Ig。

目前已在虹鳟、河鲀（*Fugu rubripes*）、鲤鱼（*Cyprinus carpio*）、草鱼（*Ctenopharyngodon idellus*）、三刺鱼（*Gasterosteus aculeatus*）和大西洋鲑等硬骨鱼中发现了 IgZ/T。IgZ 重链基因的基本结构保守且其基因位置与结构有独特的特点，它是位于可变区基因连锁群和 μ 链恒定区之间，有独立的 D 区和 J 区，即 V 区基因区段位于两个连锁的 D-J-C 簇的上游，通过 V 区段与(DJC) μ 或者（DJC）ζ 基因重组而形成的。尽管不同鱼类的 IgZ 命名不同，但它们都属于同一个家族。P-distance 进化分析也进一步证实了不同硬骨鱼类中的 IgZ、IgT 及红鳍东方鲀中的新型 IgH 确为同一类免疫球蛋白。

目前，对 IgZ 的基因结构已有较多研究，但对其生物学功能研究却十分缺乏。有证据表明 IgZ 可能在硬骨鱼黏膜免疫中发挥重要作用，但对其基因结构、表达特点及生物学功能还需要深入研究。

第二节　鱼类母源性免疫球蛋白的发现

随着鸟类和哺乳类母源性抗体研究的日益深入，一些学者先后从鲤、真鲷（*Sparus nurato*）、鲈（*Dicentrarchus labrax*）、虹鳟、大麻哈鱼、鲽、罗非鱼和鲫（*Neoditrema ransonneti*）等卵生硬骨鱼类的卵母细胞、未受精卵、受精卵或不同发育时期的胚胎中检测到了母源性特异性免疫成分 IgM，只有鳕鱼除外。另外，在胎生鱼类鲨鱼和海鲫也发现的母源性 Ig 的跨代传递现象。

Picchietti 等发现雌性真鲷产卵期间血清中抗体水平的升高，他们还利用蛋白 A 亲和层析法纯化从卵中分离纯化出抗体，这些结果均说明了在生殖期间母体血清中产生的抗体向卵中的传递。Breuil 等在鲈鱼卵中检测到 IgM 的存在，随着胚胎的发育，抗体 IgM 的量逐渐降低，至孵出后 5 d，IgM 便完全检测不到，直至孵出后第 15 天，由于幼鱼的自身合成才重新检测到 IgM 的存在。Olsen 等关于大西洋鲑的研究也发现卵中抗体的含量与雌鱼血清中抗体含量呈正相关关系。自卵受精后由母体排出体外起，卵中抗体的含量持续下降，经孵化期、仔鱼期，直到自主进食期，鱼苗体内抗体含量降至极低水平。后由于幼鱼的自身合成，抗体水平才迅速上升。Swain 等利用嗜水气单胞杆菌

（*Aeromonas hydrophila*）免疫雌性鲤鱼（*Labeo rohita*）后，其血清中抗体水平显著上升并且在其所产的卵和由卵发育而来的幼鱼中均检测到抗体的存在。

多数情况下，转移到卵子内的 IgM 为四聚体，结构和抗原性都与母体血清中 IgM 相同，且具有相同大小的重链和轻链。有时，IgM 也以单体（鲑鱼、罗非鱼和鲷）或二聚体（鲤鱼）形式存在于卵内。

第三节　鱼类母源性免疫球蛋白的功能

一、对子代的免疫保护作用

关于母源性抗体对子代的免疫保护作用已有许多报道。有研究表明，亲鱼免疫后所得仔鱼的免疫活性与仔鱼和亲鱼中的特异性抗体水平呈正相关。例如，Swain 等利用嗜水气单胞杆菌免疫雌性鲤鱼后，其子代受到同种病原菌感染时的死亡率明显低于未免疫雌鱼的子代，说明鲤鱼的母源性抗体对子代具有重要保护作用。Takemura 和 Takano 以牛血清白蛋白免疫吴郭鱼（*Oreochromis mossambicus*）亲鱼免疫后发现，亲鱼血清、卵子匀浆提取物和早期幼鱼中的特异性抗体水平均显著升高，而晚期幼鱼中的抗体水平却降低至与对照组幼鱼相当的水平。说明母源性抗体在幼鱼的发育早期被逐渐消耗，不能持续到幼鱼发育的晚期。Hanif 等以美人鱼发光杆菌（*Photobacterium damsela*）疫苗免疫真鲷雌鱼，在其卵子中检测到了特异性抗体，而且这些抗体能够持续到孵化后 14 d，但未免疫亲鱼所产卵子却无特异性抗体存在。Oshima 等将传染性造血器官坏死病病毒（infectious hematopoietic necrosis virus, IHNV）的重组片段接种到虹鳟雌鱼中，其所产卵子中特异性抗体水平显著增高，幼鱼感染 IHNV 后的存活率也随之显著升高，而且这种母源性免疫保护作用可以持续到孵化 25 d 即整个卵黄吸收期。向鲑鱼亲鱼注射兔抗弧菌（*Vibrio anguillarum*）的抗体后，在其胚胎中也可检测到该抗体，而且以同种弧菌感染胚胎后其死亡率显著低于对照组，但卵黄吸收期结束后再对幼鱼攻毒则发现母源性免疫保护作用消失。他们还发现将免疫亲鱼所产卵子提取物（egg material）注射到幼鱼体内能够提高幼鱼的抗感染能力，说明外源抗体也可以由亲鱼传递给其后代，并对子代起到免疫保护作用，但这种免疫保护作用持续的时间比较短。王鸿淼等利用显微注射实验发现，斑马鱼胚胎中较高的特异性母源 IgM 水平能够降低胚胎在遭遇同种病原感染后的死亡率，再次证明了鱼类母源性 IgM 参与胚胎早期免疫。另外，关于孔雀鱼、鲽、罗非鱼等鱼类的研究也发现母源性抗体存在抑菌活性，有抑制病菌感染的作用，能增强子代抗病力。但整体看来，母源性 IgM 对子代提供免疫保护作用的时间比较有限，通常仅能持续到卵黄吸收期结束。

尽管许多研究表明母源性 IgM 对子代具有免疫保护作用，但关于其作用机制的研究还少有报道。已有研究发现，巨噬细胞样细胞在受精后 25 h 即出现在斑马鱼胚胎的循环系统中。也有研究发现巨噬细胞表面表达有 IgM 的 Fc 段受体（FcμR），并且颗粒性抗原与 IgM 形成的免疫复合物能通过 FcμR 介导而被巨噬细胞吞噬。由此王鸿淼等推测，母源性抗体可以通过对病原微生物的调理作用而使其更容易被巨噬细胞吞噬。但对此还需要进一步实验验证。

二、其他生物学作用

相对于母源性 IgM 对早期幼鱼的有效保护作用，也有研究发现鱼类母源性抗体对子代的保护作用十分有限，由此推测其可能具有其他生物学功能。例如，Hanif 等研究发现经过美人鱼发光杆菌刺激的真鲷所产的卵中母源性 IgM 含量虽有所上升，但含量还是相对较低而且在短期内便完全降解。Tanaka 等同样对真鲷母源性 IgM 进行研究发现母源性 IgM 在后代体内的快速降解使之不能或不能很好地保护后代。因此，有专家推测母源性 IgM 可能具有防止病原微生物从亲代向子代垂直传递的作用，也可能作为营养物质供子代消耗。

另外，现有关于鱼类母源性抗体的研究仅仅局限于 IgM。相比之下，关于母源性 IgD 和 IgZ 的功能研究尚未见任何报道。

第四节　鱼类免疫球蛋白的个体发育

鱼类抗体的个体发育过程通常可以作为鱼类免疫系统，特别是特异性免疫系统个体发育过程的重要指标，在鱼类免疫系统研究中经常可以看到关于抗体个体发生的报道，而且其研究方法主要是 RT-PCR 技术、Western blotting 技术和胚胎原位杂交技术。例如，Danilova 和 Steiner 收集不同发育时期的斑马鱼幼鱼，利用 RT-PCR 技术检测 Igμ 编码基因的 V(D)J 重组片段，发现 V_H1 和 V_H4 家族的 V(D)J 重组最早发生在 4 d 的幼鱼中，而 V_H3 和 V_H2 家族的

V(D)J 重组则最早发生在 6 d 和 8 d 的幼鱼中。他们还发现 7 d 的幼鱼中即可检测到膜结合型 Igμ 的表达，而 13 d 以后的幼鱼才可以检测到分泌性 Igμ 的表达，且二者表达水平都随着个体发育时间而升高。另外，他们还利用胚胎原位杂交技术在 10 d 的幼鱼胰腺中检测到 Igμ 的表达。之后，Lam 等利用胚胎原位杂交技术检测到 21 d 的幼鱼头肾组织存在 IgLC 亚型的特异性表达，他们还利用 Western blotting 技术在 28 d 幼鱼的全鱼匀浆液中检测到 Ig 重链蛋白。结合胸腺依赖性抗原（可引起具有免疫记忆特征的特异性免疫反应）和非胸腺依赖性抗原（可引起非特异性免疫反应）引起的体液免疫反应情况，Lam 等推测受精后 4～6 周，斑马鱼的免疫系统在形态学上和功能上都逐步发育成熟。

近期，我们收集不同发育时期斑马鱼幼鱼并利用定量 PCR 技术分析了包括 IgLC、mIg（膜结合型 Ig）、sIg（分泌性 Ig）和 IgZ 在内的 7 种特异性免疫系统相关基因对 LPS 处理的应答水平。结果发现，受精后 10 h 的胚胎中即可检测到少量 Ig 亚型表达，而且 8 d 以前的幼鱼受到 LPS 处理后，4 种 Ig 亚型的表达水平均没有明显变化。此后，随着个体发育时间延长，4 种 Ig 亚型对 LPS 处理均表现出上调表达的应答模式，而且首次检测到 IgLC、mIg、sIg 和 IgZ 上调表达分别是在 23 d、8 d、13 d 和 8 d 的幼鱼中。

在此基础上，我们利用定量 PCR 技术首次比较分析了目前已知的所有 3 种鱼类 Ig 亚型的个体发育过程，并对三者的功能差异进行了初步研究。

一、实验方法

（一）实验设计

配鱼收卵后，选取约 1000 个健康胚胎将其饲养于正常的水族箱中，幼鱼孵化后以草履虫培养液每天喂食 2 次，在 3 d、7 d、14 d、21 d 和 24 d 分别取 100 个幼鱼用 1 μg/mL 的 LPS 溶液浸泡处理，并于处理后 0 h（对照）、3 h、6 h 和 12 h 后分别收集适量幼鱼提取 RNA。

（二）斑马鱼胚胎/幼鱼总 RNA 的提取

用 Trizol 试剂（GIBCO-BRL）采用一步法提取斑马鱼胚胎总 RNA。提取总 RNA 过程中的所有器皿均用 DEPC 处理并经过高压灭菌处理。

（1）取 30 个斑马鱼胚胎/幼鱼，以 DEPC 水洗 3 次，除去多余水分。加入少量 Trizol，以研磨棒在冰上迅速研磨，再加 Trizol 至 500 μL，充分振荡摇匀，−70 ℃冻存。

（2）从−70 ℃ 取出 Trizol 固定的胚胎于冰上融化，室温静置 5 min。然后在 4 ℃，12 000 *g* 离心 10 min，取上清，弃去不溶解的组织碎片。

（3）室温静置温育 5 min，以促进核蛋白复合体的解离。按每毫升 Trizol 样品组织液加入 0.2 mL 氯仿的比例加入氯仿，剧烈摇动 15 s，室温孵育 3 min。4 ℃，12 000 *g* 离心 15 min。离心后，混合物分为 3 层：下层红色的氯仿相，上层无色的水相及中间相。

（4）小心将上层无色的水相转移到另一个离心管中，按 1∶1 的比例加入异丙醇，室温温育 20 min。4 ℃，12 000 *g* 离心 10 min。

（5）弃上清，加入与原组织液相同体积的 75%乙醇，以涡旋振荡器振荡混匀。4 ℃，7500 *g* 离心 5 min，弃上清，所得沉淀即为 RNA。

（6）干燥器内干燥 RNA 沉淀约 20 min，以不含 RNA 酶的灭菌水（DEPC 处理的）溶解 RNA，加入 1 μL RNase Inhibitor。

（7）将 RNA 进行 1%琼脂糖凝胶电泳，选择完整的 RNA 用分光光度计测定其浓度，冻存于−70 ℃。

（三）RNA 的消化

为了消除基因组污染，我们用 RNase free 的 DNase Ⅰ（Promega）消化提取的胚胎或幼鱼总 RNA。反应体系为：

RNA	7 μL
10×Reaction Buffer	1 μL
DNase Ⅰ	0.35 μL
Nuclease-free water	1.65 μL
总体积	10 μL

反应条件如下：

（1）37 ℃ 孵育 30 min，去除 DNA；

（2）75 ℃孵育 10 min，灭活 DNase 终止反应；

（3）冰上孵育 5 min。

（四）反转录

取 2 μL DNA 酶消化后的斑马鱼胚胎及幼鱼总 RNA 加入 5 μL Nuclease-Free water，混匀后 70 ℃ 孵育 10 min，迅速置于冰上孵育 5 min。之后利用反转录试剂盒将其反转录为 cDNA。反转录的反应体系为：

Reverse Transcription 10×Buffer	2 μL
dNTP mix	2 μL
$MgCl_2$	4 μL
Oligo（dT）primer	1 μL
上步 RNA	7 μL
RNA inhibitor	0.5 μL
AMV Reverse Transcriptase	0.75 μL
Nuclease-free water	2.75 μL
总体积	20 μL

反转录 PCR 的反应条件为：

42 ℃	50 min
95 ℃	5 min
4 ℃	5 min
4 ℃	保温

为了检测反转录质量，我们用 Primer 5 软件设计了跨内含子的 *β-actin* 基因引物进行检测，上、下游引物分别为 5′-CTCCGGTATGTGCAAGGC-3′ 和 5′-GCTGGGCTGTTGAAGGTC-3′（扩增片段大小为 354 bp）。该引物由上海生工生物工程有限公司合成，用 DEPC 水溶解至浓度为 15 μmol/L，PCR 反应体系为：

10×Buffer	2.5 μL
dNTP mix	2 μL
actin sense primer	0.5 μL
actin anti-sense primer	0.5 μL
Ex *Taq* 酶	0.125 μL

cDNA	0.5 μL
H_2O	18.875 μL
总体积	25 μL

PCR 反应条件为：

94 ℃	3 min	1 个循环
94 ℃	30 s	28 个循环
55 ℃	30 s	
72 ℃	45 s	
72 ℃	7 min	1 个循环
4 ℃	保温	

反应结束后取 5 μL PCR 产物进行电泳检测。若仅有特异性目的片段，则说明无基因组 DNA 污染，该模板 cDNA 可以用于 real-time PCR 分析；若有非特异性片段扩增，则说明基因组 DNA 消除不彻底，需对 RNA 进一步消化然后重新反转录。

（五）定量 PCR 分析

采用跨内含子的引物（可同时扩增出膜结合型和分泌型的 Ig 重链片段），并以β-*actin* 基因做内参。3 种 Ig 亚型重链基因和内参基因的引物序列见表 2-2。引物均由上海生工生物工程有限公司合成，使用前首先检测各引物对的扩增特异性和扩增效率。

表 2-2　用于定量 PCR 检测的 Ig 亚型及内参基因的引物序列及扩增子长度

基因	引物（5′→3′）	扩增子长度/bp
IgM	FWD: GAAGCCTCCAATTCTGTTGG RVS: CCGGGCTAAACACATGAAG	147
IgD	FWD: GACACATTAGCCCATCAGCA RVS: CTGGAGAGCAGCAAAAGGAT	156
IgZ	FWD: GAACCAAACTCAGGGTTGGA RVS: CACCCAGCATTCTACAGCAA	152
actin	FWD: CCGTGACATCAAGGAGAAGCT RVS: TCGTGGATACCGCAAGATTCC	201

利用 SYBR Premix® Ex *Taq*™ 试剂盒（Takara）在 MiniOpticon 定量 PCR 仪（伯乐）进行扩增，每个反应做 3 个重复。反应体系如下：

SYBR GREEN Master Mix	12.5 μL
sense primer	0.3 μL
Anti-sense primer	0.3 μL
cDNA	0.5 μL
H_2O	11.4 μL
总体积	25 μL

扩增程序如下：

94 ℃	3 min	1 个循环
94 ℃	10 s	40 个循环*
60 ℃	15 s	
72 ℃	30 s	
熔解曲线分析		

* 在每个循环的延伸阶段收集荧光信号。

扩增结束后，利用 $2^{-\Delta\Delta Ct}$ 法计算各 Ig 亚型的相对表达量。其中，$\Delta Ct = (Ct_{\text{target gene}} - Ct_{\beta\text{-}actin})$，$\Delta\Delta Ct = (\Delta Ct_{\text{target gene}} - \Delta Ct_{\text{IgM on 3 dpf}})$，实验结果将受精后 3 d 的对照组幼鱼中 IgM 的表达水平作为 1。之后利用单因素方差分析法比较实验组和对照组的差异，$P<0.05$ 认为差异显著。

二、实验结果

（一）IgM 的表达模式及其对 LPS 感染的应答

从图 2-1 可以看出，在 3～21 d 的斑马鱼幼鱼中，IgM 表达水平逐步升高，且 28 d 时仍维持在较高水平。LPS 处理对 14 d 以前的幼鱼中 IgM 表达水平无显著影响（3 d 的幼鱼受 LPS 处理 12 h 后 IgM 表达水平显著升高不做考虑，因为下一阶段幼鱼中 IgM 对 LPS 处理没有显著应答），但 21 d 和 28 d 的幼鱼受到 LPS 处理后，其 IgM 表达水平均显著升高，而且均在处理 12 h 后达到最高值。然而，两个发育阶段的幼鱼中 IgM 的应答速度和强度不同，可能是由二者的个体大小所致，因为有研究表明个体大小与幼鱼的免疫活性密切相关。28 d 幼鱼的个体大于 21 d 幼鱼，因此晚期幼鱼对同浓度 LPS 处理的反应速度和幅度相对较小。

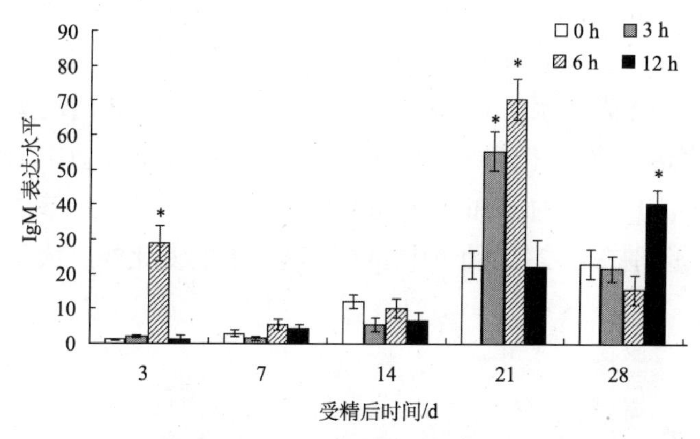

图 2-1　斑马鱼幼鱼中 IgM 重链基因表达及其对 LPS 处理的应答

* 表示表达水平显著高于对照组

（二）IgD 的表达模式及其对 LPS 感染的应答

由图 2-2 可知，在斑马鱼幼鱼个体发育过程中 IgD 的表达水平表现出在波动中不断升高的趋势，而且其各发育时期的表达水平均低于 IgM。IgD 与 IgM 对

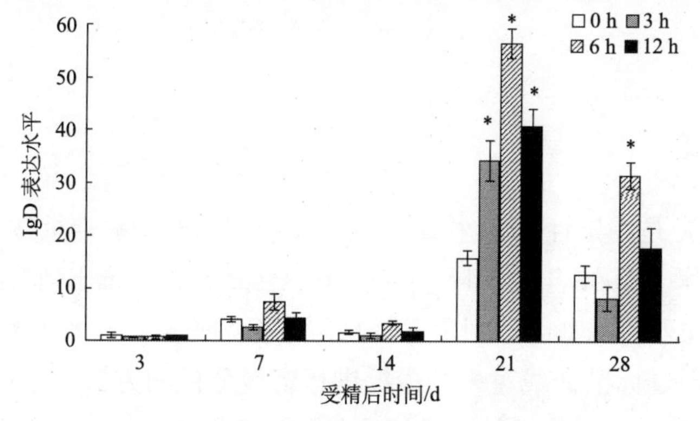

图 2-2　斑马鱼幼鱼中 IgD 重链基因表达及其对 LPS 处理的应答

* 表示表达水平显著高于对照组

LPS 处理的应答模式基本相似，都是从 21 d 的幼鱼开始上调表达，而且 21 d 和 28 d 幼鱼中的应答速度和强度不同。其中 21 d 幼鱼受到 LPS 处理后，IgD 表达水平从处理后 3 h 即开始迅速升高，6 h 达到最高，12 h 时表达水平仍然显著高于对照组。相比之下，28 d 幼鱼中仅处理 6 h 后 IgD 表达水平显著高于对照组。

（三）IgZ 的表达模式及其对 LPS 感染的应答

由图 2-3 可知，在 21 d 以前的斑马鱼幼鱼中，IgZ 表达水平随个体发育进程逐步升高，而且 28 d 时仍维持在较高水平。与其他两种 Ig 亚型相似，14 d 以前的幼鱼中 IgZ 表达水平对 LPS 处理无显著应答（7 d 的幼鱼受 LPS 处理 12 h 后 IgZ 表达水平显著升高不做考虑，因为下一阶段幼鱼中 IgZ 对 LPS 处理没有显著应答），但 21 d 和 28 d 的幼鱼受到 LPS 处理后，其 IgZ 表达水平均显著升高，区别在于 21 d 幼鱼中 IgZ 表达水平的变化幅度大于 28 d 幼鱼。

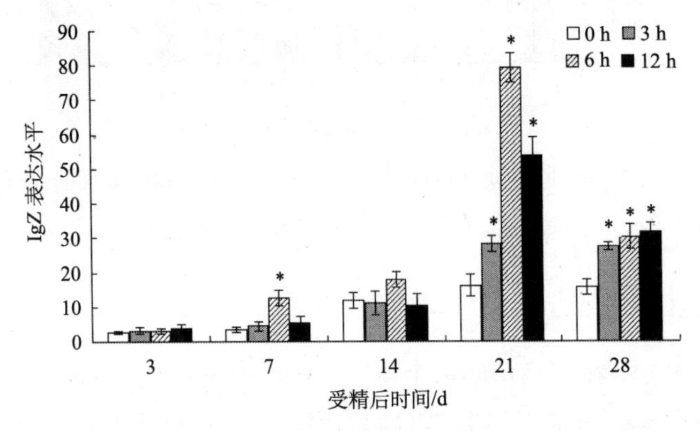

图 2-3 斑马鱼幼鱼中 IgZ 重链基因表达及其对 LPS 处理的应答

* 表示表达水平显著高于对照组

三、讨论

定量 PCR 是在定性 PCR 技术基础上发展起来的核酸定量技术。实时荧光定量 PCR 技术于 1996 年由美国 Applied biosystems 公司推出，它是一种在 PCR 反应体系中加入荧光基团，利用对荧光信号积累的实时检测来监测整个 PCR 进程。最后通过标准曲线对未知模板进行定量分析的方法。该技术不仅实现了对 DNA/RNA 模板的定量，而且具有灵敏度和特异性高、自动化程度高、无污染、实时准确、能够实现多重反应等特点，目前已广泛应用于分子生物学研究和医学研究领域。

鱼类在个体发育早期主要依靠母源性免疫抵抗病原攻击，然而母源性免疫力的有效持续时间尚不明确。但可以确定的是随着鱼类自身免疫系统的发育成熟，母源性免疫力的有效性逐步降低，鱼类将更多地依赖自身的免疫系统。因此，阐明鱼类免疫系统的个体发育过程有助于了解鱼类在个体发育早期的抗感染机制。

本研究发现，3 种 Ig 亚型的重链基因表达水平都随斑马鱼个体发育进程而呈逐步升高趋势，到 21 d 之后其表达水平均维持在一个较高水平。对各发育阶段幼鱼中 3 种 Ig 亚型的表达水平进行比较可以发现 IgM 和 IgZ 的表达水平均高于 IgD，而 14 d 以后幼鱼中 IgM 的表达水平显著高于 IgZ，这与 Zimmerman 等的研究十分相似。我们还发现 3 种 Ig 亚型均在 21 d 以后的幼鱼中才可对 LPS 处理表现出有效应答，从而再次证明了适应性免疫系统在 3 周以前的斑马鱼幼鱼不具有功能活性。另外，21 d 幼鱼中 IgZ 对 LPS 的应答强度高于 IgM 和 IgD，且 28 d 幼鱼中 IgZ 的反应速度也比其他两种 Ig 亚型快，原因可能是 LPS 浸泡后黏膜免疫反应比体液免疫反应更早发生，而 IgZ 在黏膜免疫系统中具有更重要的作用。

第三章　鱼类母源性补体

鱼类作为低等的水生脊椎动物，其非特异性免疫十分强大，相比之下，由选择压力而产生的特异性免疫则并不发达。鱼类的非特异性免疫系统激活迅速而且对致病微生物具有广泛的抑制作用。鱼类受到病原体攻击后，非特异性免疫通常在特异性抗体产生之前就开始发挥作用，甚至将病原体彻底清除掉。因此，对于鱼类应更加重视母源非特异性免疫因子的传递与功能研究。

第一节　鱼类补体系统研究进展

一、鱼类补体系统的组成与激活

补体系统由 30 多种可溶性蛋白和膜蛋白组成，在先天性免疫和适应性免疫中均起着重要作用。构成补体系统（complement system）的成分可分为三大类。第一组分由 9 种补体成分组成，分别命名为 C1，C2……C9。其中，C1 由 3 个亚单位组成，命名为 Clq、Clr、Cls，因此第一组分是由 11 种球蛋白组成。还有一些血清因子也参与补体活化，但它们不是经过抗原抗体复合物的活化途径，而是通过旁路活化途径。这些因子包括 B 因子、D 因子和 P 因子，它们构成补体系统的第二组分。其后又发现多种参与控制补体活化的抑制因子或灭活因子，如 C1 抑制物、I 因子、H 因子、C4 结合蛋白、过敏毒素灭活因子等。这些因子可控制补体分子的活化，对维持补体在体内的平衡起调节作用，它们构成补体系统的第三组分。

自 1894 年 Pfeiffer 和 Bordet 从血清中分离出一类与抗体不同、能溶解细菌的成分（即补体）以来，对补体的研究特别是对哺乳动物补体系统的研究已有近 130 年历史。目前，补体系统的起源可追溯到腔肠动物。表 3-1 总结了补体系统的进化过程，从表中可以看出，硬骨鱼类和软骨鱼类都已具备完整的补体激活途径。但是与哺乳动物相比，鱼类补体的研究起步要晚得多，20 世纪 80 年代才开始有相关报道。

表 3-1　补体系统的进化

补体成分		哺乳动物	鸟类	爬行类	两栖类	硬骨鱼	软骨鱼	无颌类	文昌鱼	海鞘类	棘皮动物	节肢动物	线虫	腔肠动物
补体途径	CCP													
	LCP													
	ACP													
识别阶段	C1q	*	*		*	*	*	*		*	*			
	MBL	*	*			*		*		*				
相关酶	C1r/s	*	*			*	*							
	MASP	*	*		*	*	*	*	*	*				
	C2/Bf	*	*	*	*	*	*	*	*	*	*	*		*
	Df	*				*								
含硫酯蛋白	C3	*	*	*	*	*	*	*	*	*	*	*		*
	C4	*	*		*	*	*							
	C5	*	*			*								
膜攻击复合物	C6	*	*		*	*			*	*				
	C7	*	*		*	*								
	C8	*	*		*	*	*							
	C9	*			*	*	*							
调节蛋白与补体受体	Hf /DAF	*	*		*	*		*		*	*			
	CR	*			*	*				*				
	CD59	*			*	*		*		*				
	If	*	*		*	*	*							
	Pf	*	*		*	*								
	Cl-IN	*			*	*								

注：阴影部分表示补体途径或补体活性已在功能水平上有所阐述，并认为相关功能在高等动物中也存在；* 表示已纯化出相应蛋白质或得到了相应补体序列，或者仅得到了哺乳动物补体的同源序列

补体系统存在 3 条激活途径，即经典途径、凝集素途径和替代途径，并共用一条终末（或溶解）途径（图 3-1）。经典途径是第一个被发现的补体激活途径，由结合在细胞表面的抗体激活，其作用具特异性且同时需要 Ca^{2+}和 Mg^{2+}参与。替代途径不依赖于抗体，可直接由 C3 或微生物表面的特定结构激活，只需要 Mg^{2+}。1995 年后才明确了通过甘露糖结合凝集素（mannose binding lectin, MBL）识别的凝集素途径，此途径也不依赖于抗体且仅需要 Ca^{2+}。目前，

对鱼类补体系统的替代激活途径和经典激活途径已研究得比较清楚，但对凝集素激活途径还缺乏系统研究。

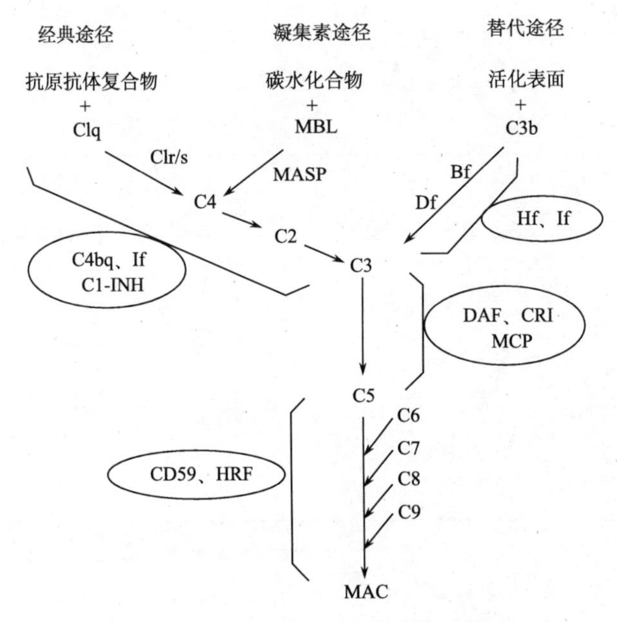

图 3-1　鱼类补体系统的激活途径

二、软骨鱼类补体系统研究进展

软骨鱼类是鱼类中最低等的类群，几乎全是生活在海水中的食肉动物。与硬骨鱼相比，其补体系统的研究远远落后。已知软骨鱼存在经典途径、替代途径、凝集素途径和终末途径，而且补体关键成分都已被发现，包括 C1q、MASP、C3、H 因子、B 因子、C8、C9 等（表 3-2）。但是，在 DNA 水平明确序列结构的补体成分只有日本皱唇鲨（*Triakis scyllium*）的 C4、MASP、C1r/C1s 样蛋白、I 因子 和 C2/B 因子及护士鲨中的两个 C2/B 因子。

三、硬骨鱼类补体系统研究进展

硬骨鱼类经典途径和替代途径的活化顺序及补体成分的功能性质等在很大程度上已经明确，但关于凝集素途径的活化机制及所参与的分子了解得还相对较少（表 3-3）。Nonaka 等早已证明了在存在 Ca^{2+}和 Mg^{2+}的条件下，虹鳟补体经典溶血途径的活化可以由抗原抗体复合物引起。除虹鳟外，鲤、罗非鱼、香鱼（*Plecoglossus altivelis*）、沟鲶（*Ictalurus punctatus*）、金枪鱼（*Thunnus thynnus*）、真鲷、褐鳟（*Salmon truttal*）等鱼类的补体经研究证实可能存在经典途径和替代途径。

表 3-2 软骨鱼主要补体系统成分的研究现状总结

补体途径	成分	日本皱唇鲨 *Triakisscyllium*	护士鲨 *Ginglymostoma cirratum*	长鳍斑竹鲨 *Orectolobidae chiloscyllium*	皱唇鲨科 *Triakis scyllia*	日本角鲨 *Heterodontus francisci*
中心因子	C3		+			
经典途径	C1	+	+			
	C2	+	+		+	+
	C4	+	+			
Lectin 途径	MASP	+	+			
替代途径	Bf	+	+		+	+
溶解途径	C8		+			
	C9		+			
调节蛋白和补体受体	If	+				
	C5R			+		

注：+表示在这些软骨鱼种类中发现了相应的补体系统成分

目前，在硬骨鱼中发现鉴定的补体成分主要有 C1、C3、C4、C5、C8、C9、Bf、Df、Hf、MASP 和 MBL 等。而且，从结构和功能研究看，虹鳟和鲤鱼是目前硬骨鱼类中补体系统研究最多的物种。

四、鱼类补体的特异性

（一）热敏感性

与哺乳动物相比，鱼类补体对热更敏感。鱼类补体活化的最适温度是 20～25 ℃，哺乳动物则是 37 ℃。鲤、香鱼和罗非鱼等温水鱼类在 45～50 ℃补体失活，虹鳟、白鲑（*Coregonus ussuriensis*）和银鲑（*Oncorhynchus kisutch*）

表 3-3　硬骨鱼主要补体系统成分的研究现状

补体途径	成分	鲤鱼 *Cyprinus carpio*	斑马鱼 *Danio rerio*	虹鳟 *Oncorhynchus mykiss*	大西洋鲑 *Salmo salar*	溪红点鲑 *Salvelinu fontinalis*	鳉 *F. heteroclitus*	沟鲶 *Ictalurus punctatus*	鳕鱼 *Gadus morhua*	大西洋大比目鱼 *Hippoglossus hippoglossus*	花狼鳚 *Anarhichas minor Olafsen*	星云副鲈 *Paralabrax nebulifer*	真鲷 *Sparus aurata*	异育银鲫 *Carassius auratus gibelio*
中心因子	C3	+	+	+			+		+	+	+			
经典途径	C1r/s	+		+										
	C1q						+	+						
	C4	+	+	+			+	+						
Lectin 途径	MBL	+	+		+									+
	MASP	+		+										
替代途径	Bf	+	+	+	+		+							
	Df	+		+	+	+								
溶解途径	C5	+		+	+								+	
	C6			+										
	C7			+										
	C8	+		+						+				
	C9	+		+						+				
补体调节蛋白	If/Hf/C4bp	+		+						+		+		
	CD59					+								
补体受体	CR	+												
	C3aR			+										
	C5aR			+										

注：+表示在这些硬骨鱼类中发现了相应补体系统成分

等冷水鱼类补体的灭活温度是 40～50℃，而哺乳动物的经典途径灭活温度是 56℃，替代途径的灭活温度是 50℃。有趣的是，硬骨鱼类的补体即使在低温条件下也不失去溶血活性，如许多种鱼类在 0～4℃仍然具有溶血活性。两栖类和爬行类的补体也存在同样的特性。因此，在低温条件下显示出溶血活性可能是变温动物中补体的共同特性。另外，Magnadottir 研究了鳕鱼（*Gadus morhua*）血清中补体的自然溶血活性（SH，spontaneous haemolytic activity），结果表明鳕鱼血清中补体 SH 活性受季节影响，在 12 月活性最高。

（二）种或种群特异性

鱼类的补体成分具有种或种群特异性，也就是说鱼类的补体与其他脊椎动物的补体成分没有兼容性，而且同其他鱼类之间也难以找出兼容性。例如，用虹鳟和鲤鱼的抗体致敏的绵羊红细胞，只能与同种或近缘种的血清组合才能导致溶血现象发生。虹鳟 C3 与鲤和豚鼠的补体成分没有兼容性，鲤的 C1、C4、C3 与人类和豚鼠的补体成分也不存在兼容性。硬骨鱼中经典途径的补体滴度与哺乳动物相当，但替代途径补体滴度几乎是哺乳动物的 10 倍。鱼类补体途径的识别范围和活化效率似乎比哺乳动物更高，这些都可能与鱼类补体系统具有更高的多样性有关。

（三）多态性

鱼类补体的特异性还体现在一些补体成分（主要是 C3 和 Bf/C2）的多态性，因为已研究过的高等脊椎动物中除眼镜蛇外，C3 都是单个基因编码的产物。到目前为止，所有硬骨鱼类的 C3 基因皆是多型的。不管是多倍体硬骨鱼如 4 倍体鲤鱼、虹鳟，或者是二倍体的真鲷、斑马鱼皆含多个 C3 基因。目前，已鉴定出虹鳟有 4 种 C3 变异型，鲤鱼有 8 种 C3 变异型，青鳉有两种 C3 基因，而斑马鱼有 3 种 C3 亚型。在蛋白质水平，已有人用特异性 C3 抗体鉴定出鲑鱼和真鲷的 C3 变异型分子，而且纯化的 C3 变异型分子都有α链和β链，而且α链内有巯酯键，其差别主要表现在电泳迁移率、糖基化、与 C3 单抗的反应性及 N 端氨基酸序列差异等。

尽管所有已研究的硬骨鱼均存在多态型 C3，但每种鱼至少有一种 C3 分子缺乏催化水解组氨酸残基的能力。不同 C3 变异型分子与补体活化表面的结合效率不同，即不同变异型分子与活化表面的结合有一定特异性。例如，含量丰富的鲑鱼 C3-1 和真鲷 C3-1、C3-2（血清含量为 1～2 mg/mL）对酵母细胞有较高亲和力，而含量较少的鲑鱼 C3-3、C3-4 和真鲷 C3-3、C3-4、C3-5（血清含量为 0.2～0.4 mg/mL）则不结合酵母细胞。多种 C3 分子功能特异性的意义可能在于，当一种 C3 分子与某种病原反应时，不会激活其他 C3 分子，也就不会造成 C3 大量消耗。另外，将鲤鱼和虹鳟的多个 C3 和其他物种 C3 序列进行系统进化分析可知，硬骨鱼的多型 C3 都是独立表达的。鲑鱼和鲤鱼的不同变异型 C3 分子不仅是多个基因的产物，而且也存在等位基因多态性。基因复制与多态性相结合，形成了鱼类巨大的 C3 分子库。这种 C3 多态性增加了先天免疫系统识别外来物质的能力，从而弥补尚欠成熟的获得性免疫能力。

（四）基因分布的不连锁性

硬骨鱼类补体系统的独特性还体现于补体基因在染色体上的分布。在哺乳动物体如人、鸟类如鸡和两栖类如爪蟾（*Xenopus*）中，Bf、C4 和 C2 等基因连锁在一起，位于染色体主要组织相容性复合物（major hiscompatibility complex，MHC）的 MHC Ⅲ 区内，但此种补体基因连锁的生理意义还不很清楚。C2 和 C4 都与经典溶血途径 C3 转化酶的形成紧密相关，但在结构上没有共同点，因此有人认为 C2 和 C4 连锁在一起可能与在进化过程中形成 C3 转化酶有关。但是，在硬骨鱼类中没有发现补体基因 Bf、C4、C2 和 MHCⅢ 基因连锁在一起的现象。硬骨鱼中，MHC 基因在染色体上的分布不是集中的，从某种意义上来说 MHCⅠA、MHCⅡA、MHCⅡB 基因在整个基因组中的分布是分散的。例如，在斑马鱼体内不同类别的 MHC 基因分布于不同染色体上，且不和补体系统基因如 Bf、C4 和 C2 连锁在一起，但涉及抗原递呈的基因则与 MHCⅠA 基因连锁在一起。斑马鱼的两个 Bf 基因来自单个 P1 派生人工染色体（plartificial chromosome, PAC）克隆，说明这两个基因是紧密连锁的。另外，青鳉两个 C3 基因（*Orla C3-1* 和 *Orla C3-2*）在染色体上的分布也是紧密连锁的，表明此两个基因可能来自单个基因的顺式复制（即串联复制），而不是来自单个基因的倍增（即多倍化）。

五、鱼类补体的生物学活性

（一）鱼类补体的溶血活性

和哺乳动物的补体系统相比，多种鱼类的血清补体可以通过激活替代溶血途径高效溶解多种脊椎动物如兔、绵羊、山羊、狗和人类的血红细胞。由于血清的溶血活性代表着补体功能水平的一个方面，因而人们通过研究鱼类血清的溶血水平来研究各种外界因子对鱼体补体水平的影响。

补体经典溶血途径活性和替代途径溶血活性分别以CH_{50}和ACH_{50}来表示，其定义分别是导致一定量的经同种动物抗血清致敏的绵羊红细胞或非致敏的异源动物红细胞50%溶血所需要的鱼类血清稀释倍数的倒数。体外实验发现，鱼类旁路途径的识别和活化似乎比哺乳动物具有更高的效率。根据从为数不多的硬骨鱼类获得的CH_{50}值和ACH_{50}值来看，鱼类的ACH_{50}值比哺乳动物高5～10倍。这可能是因为补体替代途径在硬骨鱼类的免疫防御中发挥更重要的作用。

为了提高养殖鱼类的免疫水平，许多学者研究了免疫刺激或饵料结构等对鱼类溶血活性特别是ACH_{50}的影响。例如，在饵料中加入维生素C、益生菌、促吞噬素、环磷酰胺、A3α-肽聚糖、酵母聚糖、β-葡聚糖和细菌脂多糖等可提高鱼类的替代途径溶血活性，促进吞噬细胞聚集并提高其吞噬活性，进而提高鱼类对各种病原体的抗性。

（二）鱼类补体的溶菌活性

补体的溶菌活性是硬骨鱼清除细菌的一个重要机制。很多研究描述了鱼类血清补体可以有效溶解多种细菌。细菌侵染可以激活鱼类补体的经典途径和替代途径。根据宿主和病原菌的类型，或者只激活经典途径，或者只激活替代途径，或者二者同时被激活。也许细菌的侵染会激活补体的凝集素途径，但目前还没有人进行这方面的研究。

通常来说，鱼类补体可以高效杀灭无致病性的革兰阴性菌，但对致病性较强的革兰阴性菌和革兰阳性菌则作用较差。鱼类血清补体对不同细菌溶解活性大小不一的原因可能与细菌细胞壁的组成成分相关。例如，细胞表面唾液酸含量丰富的病原菌不易激活补体，而唾液酸含量较少的非病原菌，易激活鱼类补体。另外，某些革兰阴性菌表面含有的LPS可以抵抗鱼类血清补体介导的杀灭作用。

对有胶囊包被和无胶囊包被的格氏乳球菌（*Lactococcus garvieae*）与补体的结合能力研究发现，替代途径主要参与无胶囊包被的细菌杀伤作用，而经典途径主要参与胶囊包被的细菌杀伤。

哺乳动物的补体系统在中和和杀灭病毒及病毒侵染细胞方面起着重要的作用。但在鱼类补体系统的功能研究中较少涉及这一方面。虹鳟血清可以通过激活补体的经典途径发挥中和出血性败血症病毒的作用。此外，虹鳟和山女鳟（*Oncorhynchus masou*）幼鱼血清在无补体溶血活性的情况下，比具有补体溶血活性的马苏大麻哈鱼幼鱼更易遭受病毒的感染，这也证明了鱼类补体在中和与杀灭病毒中的作用。

（三）鱼类补体的调理作用

鱼类补体对外界病原微生物的调理作用可导致吞噬细胞吞噬活性增强，在多种鱼类中已观察到补体介导的调理作用。某个病原是否被补体调理取决于宿主和病原的类型。所有调理素皆可以单独发挥调理作用，也可顺序激活共同发挥调理作用。遗憾的是，在鱼类中有关调理作用的调控机制还不很清楚，目前公认的是鱼类补体可对非病原菌有效发挥调理作用，而致病菌则特化出一套防止补体蛋白沉积在其细胞表面的能力，从而躲避补体的调理作用。

（四）鱼类补体引起的炎症反应

虹鳟的 C3-1、C3-3 和 C3-4 皆可以产生过敏毒素 C3-1a、C3-3a 和 C3-4a 分子，而且 3 种分子皆可以刺激虹鳟鱼头肾细胞呼吸爆发，但只有 C3-1a 和 C3-3a 与头肾细胞亚群结合。鳟鱼和日本鳗鱼（*Anguilla japonica*）补体激活后能产生导致白细胞发生趋化性的因子。对彩虹鳟 3 种 C3a 进行纯化及功能分析表明，这种鱼的 3 种 C3 变体均能激发头肾白细胞的呼吸爆发，而且这种作用随浓度而变化，但它们都不能减弱相同细胞中的趋化现象。新近报道表明，来自鲤鱼 C3-H1 变体的 C3a 不能激发白细胞迁移，且来自 C4-2 变体的鲤鱼 C4a 也缺乏此能力。

已有人重组产生了彩虹鳟的 C5a，并证明它可激发外周血液及头肾中白细胞的趋化性。另外，彩虹鳟 C5a 也可导致来自相同器官的白细胞的呼吸爆发，但人类 C5a 不能引发鳟鱼白细胞的任何呼吸爆发，这表明 C5a 介导的功能在这种情况下具有种群特性。鲤鱼去精氨酸 C5a（来自鲤鱼 C5-I 变体）具有强趋化作用，表明鱼类 C5a 羧基末端精氨酸的去除对其生物活性很大影响。

（五）鱼类补体引起的免疫复合物清除

免疫复合物如吸附在补体受体细胞（如红细胞）上的 C3b/iC3b-Ag-Ig 复合物，可以通过 C3b 受体结合到红细胞和血小板的表面从而被补体系统转运到肝脏和脾脏中的吞噬细胞处，然后被清除。在鱼类中，抗原可被吸附在脾脏和肾脏处黑素吞噬细胞中心，并在脾脏其他结构分子的协助下将免疫复合物清除。

（六）其他生物学功能

补体不仅在成鱼的不同器官表达，而且在鱼类胚胎发育过程中的多个器官和不同发育阶段特异性表达，由此推测补体很可能与其他因子共同作用而发挥更多的生物学功能。从补体成分的多态性和补体调节的复杂性来看，补体系统可能与鱼类的受精、再生、信号传递及外围神经系统的能量代谢等有关。另外，一些描述性研究认为补体还参与鱼类的器官形成，但相关的功能性研究还未见报道。

第二节　鱼类母源性补体的发现及功能

一、鱼类母源性补体的发现

补体系统在先天性免疫和适应性免疫中均具有重要作用。目前已在虹鳟的胚胎中检测到了母源性补体成分 C3、C4、C5 和 Bf，而且在鲤和斑点狼鱼（*Anarhichas minor*）的胚胎中也检测到了母源性补体 C3 的转录。此外，还发现大西洋鲑的胚胎匀浆液具有微弱的补体活性。

在此基础上，我们选择兔抗人 C3 多克隆抗体和羊抗人 Bf 多克隆抗体，利用 Western blotting 技术检测了斑马鱼卵子匀浆液中的母源性补体成分。从图 3-2 中可以看出兔抗人 C3 多克隆抗体和羊抗人 Bf 多克隆抗体与人血清和斑马鱼卵子胞浆均有反应。兔抗人 C3 抗体与斑马鱼卵子胞浆形成了 3 条特异性条带，其中 1 条带对应的分子质量约为 185 kDa，与人 C3 的分子质量大小相当；另外 2 条分子质量约为 115 kDa 和 70 kDa 的条带，分别与人 C3α 和 C3β 的大小相一致。斑马鱼卵子胞浆与羊抗人 Bf 抗体的反应仅产生 1 条特异性条带，分子质量与人的 Bf 很接近，约 93 kDa。

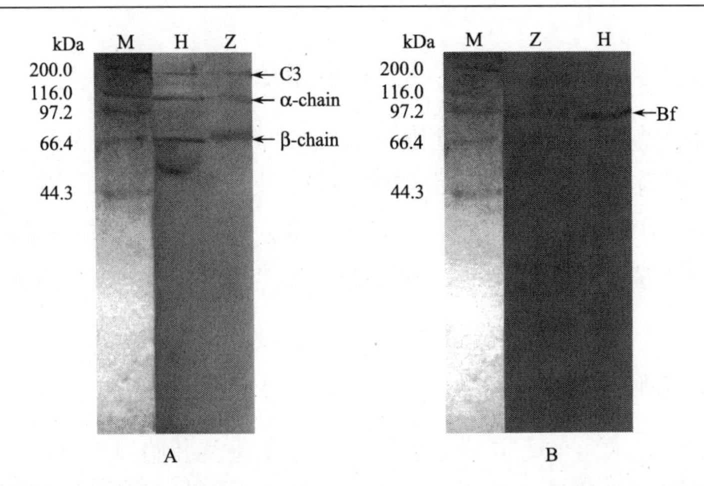

图 3-2　斑马鱼卵子匀浆液中 C3（A）和 Bf（B）的 Western blotting 检测

M.marker；H.人血清；Z.斑马鱼卵子匀浆液

二、鱼类母源性补体的功能

溶菌作用是鱼类补体系统的重要功能之一，也是鱼类胚胎或幼鱼抵抗病原微生物的有效途径。下面主要通过补体灭活和补体抑制实验来证明斑马鱼母源性补体在胚胎抗菌过程中具有重要作用。

（一）补体系统关键因子的抗体抑制实验

C3 是补体激活途径的中心因子，3 条补体途径都需要它参与。在斑马鱼卵子匀浆液中加入 C3 抗体后，抗体与抗原结合形成稳定的复合物便可抑制 C3 成分的活性，进而抑制 3 条补体途径的激活。但抗体大量过剩则会形成可溶性的复合物，不利于和抗原的结合。因此，只有抗原与抗体以最佳比例结合才能最充分有效地抑制整个补体系统的活性。将兔抗人补体 C3 的多克隆抗体（200 μg/mL）以 0.01 mmol/L 的 PBS 稀释成 4 μg/mL 的 C3 抗体应用液，以 0.22 μm 的滤器过滤除菌后于 4℃保存备用。

在 40 μL 斑马鱼卵子胞浆液中分别加入 0 μL、1.5 μL、2.5 μL、3.0 μL、3.5 μL、4.0 μL 和 5.0 μL 的 C3 抗体稀释液，混合均匀后在 25 ℃ 轻微振荡孵育 0.5 h，使抗体与 C3 充分结合。之后加入处理好的菌悬液 2 μL（1×10^6 个/mL），并以无菌生理盐水将体积补至 50 μL。将此反应体系在 25 ℃轻微振荡培养 2 h。之后加入 200 μL 无菌生理盐水稀释 5 倍，混匀后涂板。每个培养皿涂 30 μL，每个样品涂 3 个板，37 ℃培养 12～16 h 后进行菌落计数。结果以细菌的抑制率表示，进而比较 C3 抗体对斑马鱼卵子匀浆液杀菌功能的影响。细菌抑制率的计算公式如下

$$抑菌率=\left(1-\frac{处理组细菌数}{对照组细菌数}\right)\times 100\%$$

从图 3-3 可以看出，斑马鱼卵子匀浆液的抑菌活性与 C3 抗体的加入量存在一定的浓度依赖效应。也就是说，随着 C3 抗体浓度的升高，越来越多的 C3 与抗体结合而失去活性，因此卵子胞浆的抑菌活性随之逐渐减弱。当混合体系中 C3 抗体浓度为 0.28 μg/mL 时，卵子匀浆液的抑菌率最低。当 C3 抗体浓度继续升高而过量时，抗原抗体复合物的稳定性降低，因此抗体对 C3 活性的抑制作用降低。此时，部分 C3 便可以在一定程度上恢复其补体活性，并在补体激活途径中继续发挥作用，导致斑马鱼卵子匀浆液的抑菌活性又逐渐升高。该实验证明抑制 C3 活性可以有效降低斑马鱼卵子匀浆液的抑菌作用，换言之，母源性补体在斑马鱼胚胎免疫中具有重要作用。

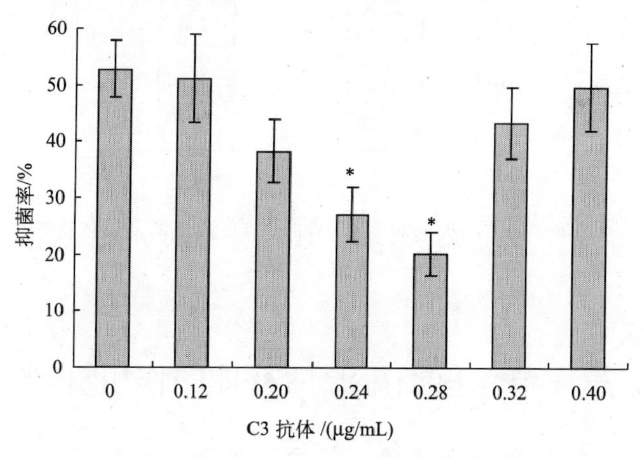

图 3-3　C3 抗体对斑马鱼卵子匀浆液溶菌活性的影响

* 表示 $P<0.05$

（二）补体热灭活实验

硬骨鱼类的补体系统对热比较敏感，鱼类补体活化的最适温度是 20～25 ℃。温水鱼类如鲤、香鱼和罗非鱼等在 45～50 ℃ 补体失活，而冷水鱼类如虹鳟、白鲑和银鲑等的补体灭活温度是 40～50 ℃。因此，通过热灭活也可以抑制补体系

统的活性，而不影响 Ig 等其他免疫因子的活性。

将 40 μL 斑马鱼卵子胞浆液置 45 ℃ 水浴 30 min 以灭活其中的补体，对照组不进行热灭活处理。之后加入 2 μL 菌悬液并以无菌生理盐水将体积调至 50 μL，在 25 ℃ 轻微振荡孵育 2 h，并检测抑菌率。

从图 3-4 可以看出，热灭活能够显著降低斑马鱼卵子匀浆液的抑菌率，也就是说补体灭活后卵子的溶菌活性显著降低。结合 C3 抗体对斑马鱼卵子匀浆液溶菌活性的影响，可以推断出补体系统参与斑马鱼胚胎的早期免疫作用。

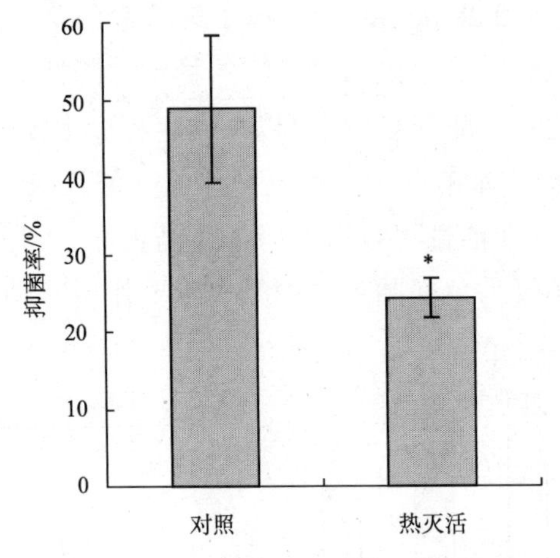

图 3-4　补体热灭活对斑马鱼卵子匀浆液溶菌活性的影响

* 表示 $P<0.05$

第三节　鱼类母源性补体的作用机制

补体系统具有 3 条激活途径，各途径成分在鱼类个体发育早期的含量与活性不同，其个体发育进程也存在差异，因此它们在鱼类个体发育早期对胚胎和幼鱼的相对保护作用也必然不同。根据不同补体激活途径参与成分和所需离子的差别，我们利用补体成分的特异性抗体和活性抑制剂及离子螯合剂来抑制特定补体途径的激活，目的是比较 3 种补体激活途径在斑马鱼早期胚胎免疫中的相对作用，进而探讨斑马鱼母源性补体系统的抗菌机制。

一、特异性抗体处理分析其作用机制

在补体系统中，C1q 仅参与经典途径的激活，C4 同时参与经典途径和凝集素途径，而 Bf 只参与替代途径。因此，在斑马鱼卵子匀浆液中加入相应补体成分的抗体以螯合这些蛋白，便可以抑制相应的补体激活途径。

将羊抗人 Bf 多克隆抗体（200 μg/mL）稀释 50 倍，将羊抗人 C1q 多克隆抗体（200 μg/mL）和羊抗鼠 C4 多克隆抗体（200 μg/mL）稀释 100 倍，分别制成 4 μg/mL 和 2 μg/mL 的使用液，并以 0.22 μm 滤器过滤除菌。在 40 μL 斑马鱼卵子匀浆液中分别加入 Bf 抗体（0 μL、1 μL、2 μL、2.5 μL、3 μL、3.5 μL、4.0 μL 和 5.0 μL）、C1q 抗体（0 μL、0.25 μL、0.5 μL、1 μL、2 μL 和 4 μL）和 C4 抗体（0 μL、0.5 μL、1.0 μL、2.0 μL、3.0 μL、5.0 μL）。之后按照同样方法混合孵育并加入菌悬液，检测其抑菌率，从而比较不同抗体对斑马鱼卵子匀浆液抑菌功能的影响。

从图 3-5 和图 3-6 可以看出，在斑马鱼卵子匀浆液中加入 C1q 和 C4 抗体对其抑菌率没有显著影响。这在一定程度上说明了，斑马鱼卵子匀浆液中的经典途径和凝集素途径不参与补体系统的溶菌作用，或者这两条途径在补体溶菌过程中所起的作用比较小。

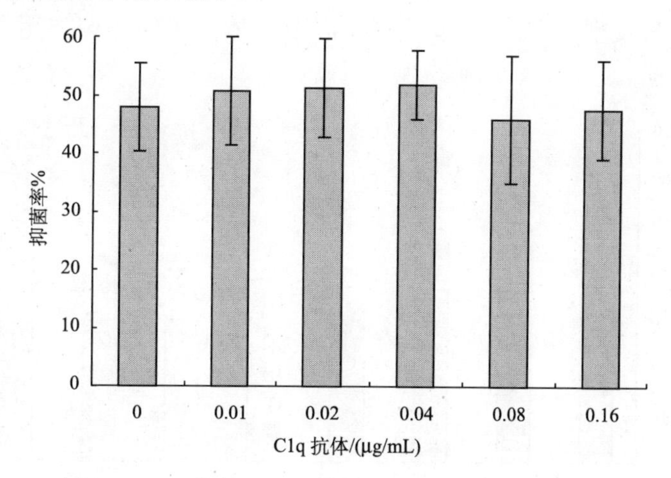

图 3-5　C1q 抗体对斑马鱼卵子匀浆液溶菌活性的影响

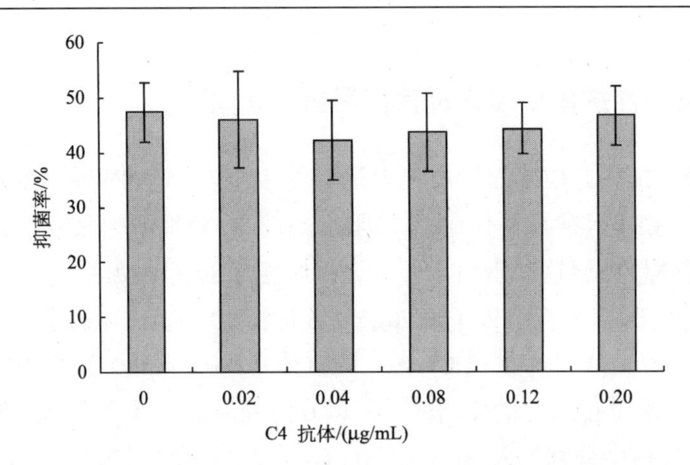

图 3-6　C4 抗体对斑马鱼卵子匀浆液溶菌活性的影响

相比之下，在斑马鱼卵子匀浆液中加入 Bf 抗体可显著抑制其溶菌活性，而且在一定浓度范围内存在明显的剂量依赖效应（图 3-7）。从图 3-7 可以看出，当 Bf 抗体浓度为 0.24 μg/mL 时，卵子匀浆液的抑菌率可降至 23.9%，不足正常卵子匀浆液抑菌率（51.6%）的一半。之后随着 Bf 抗体浓度的继续升高，抗体过量导致抗原抗体形成不稳定的复合物，从而在一定程度上恢复了抗原即 Bf 的生物活性，进而恢复了补体系统的替代途径活性，因此卵子匀浆液的抑菌率也随之升高。将 3 种抗体对斑马鱼卵子匀浆液抑菌率的影响进行综合比较很容易发现，斑马鱼卵子匀浆液中补体系统的溶菌作用主要通过替代途径来实现。

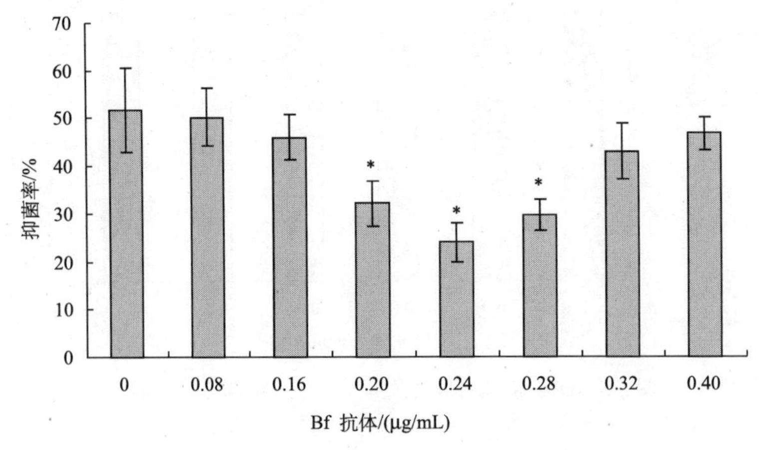

图 3-7　Bf 抗体对斑马鱼卵子匀浆液溶菌活性的影响

* 表示 $P<0.05$

二、离子螯合剂处理分析其作用机制

鱼类补体系统的 3 条激活途径均需要特定的二价离子参与，其中经典途径同时需要 Ca^{2+}和 Mg^{2+}，替代途径只需要 Mg^{2+}，而凝集素途径只需要 Ca^{2+}。因此，螯合特定二价离子即可调控相应的补体途径。EDTA 可以同时螯合 Ca^{2+}和 Mg^{2+}，而 EGTA 仅对 Ca^{2+}具有很强的螯合能力。因此，在斑马鱼卵子匀浆液中加入 EDTA 可同时抑制 3 条补体激活途径，而加入 EGTA 可同时抑制经典途径和凝集素途径。另外，如果在 EDTA 处理的斑马鱼卵子匀浆液中补充适量的 Ca^{2+}或 Mg^{2+}便可恢复凝集素途径或替代途径的相应功能。

配制 50 mmol/L 的 EDTA、EGTA、$CaCl_2$ 溶液和 $MgCl_2$ 溶液，以 0.22 μm 的滤器过滤除菌。在 40 μL 斑马鱼卵子匀浆液中分别加入不同浓度梯度的 EDTA（0.1 μL、0.3 μL、0.5 μL、0.8 μL、1.0 μL、2.0 μL、3.0 μL 和 5.0 μL）和 EGTA（0.1 μL、0.3 μL 和 0.5 μL），25 ℃ 孵育 0.5 h，使螯合剂与相应的二价离子充分作用。之后加入 2 μL 的细菌悬液并按同样方法检测其抑菌率，从而比较不同离子螯合剂对斑马鱼卵子匀浆液杀菌功能的影响。此外，我们用无菌生理盐水代替卵子匀浆液做阴性对照，以确定离子螯合剂本身对细菌的活性是否有影响。

为了进一步验证上述实验结果，在加入 0.5 μL EDTA 的斑马鱼卵子匀浆液中补充等量的 $CaCl_2$ 溶液或 $MgCl_2$ 溶液，以恢复体系中相应的 Ca^{2+}或 Mg^{2+}浓度。然后按照同样方法加入菌悬液并检测抑菌率，从而验证需要 Ca^{2+}和 Mg^{2+}的凝集素途径和替代途径是否参与了补体的溶菌作用。

实验结果表明，经一定浓度 EDTA 处理的卵子匀浆液的抑菌率显著降低（图 3-8），原因是 EDTA 螯合了卵子匀浆液中的 Ca^{2+}和 Mg^{2+}，使补体途径受到抑制。当 EDTA 浓度为 0.5 mmol/L 时，抑菌率仅为 12.2%，远远低于正常卵子匀浆液的抑菌率（47.2%）。但随着 EDTA 浓度的继续升高，斑马鱼卵子匀浆液的抑菌率又逐步升高。已有研究表明，革兰阴性菌的外层膜是抵御血清杀伤作用的主要屏障。对血清具有抗性的细菌经 Tris 和 EDTA 处理后则变得对血清十分敏感，其原因可能是 EDTA 处理影响了细菌细胞壁 LPS 的释放，进而降低了外层膜的渗透屏障。阴性对照试验也发现 EDTA 单独作用对细菌的存活率并无显著影响（图 3-9），因此，在斑马鱼卵子匀浆液中加入过量 EDTA 后抑菌率回升的原因应该是 EDTA 改变了细菌的细胞壁结构，使其更容易被补体以外的其他免疫活性物质杀灭。

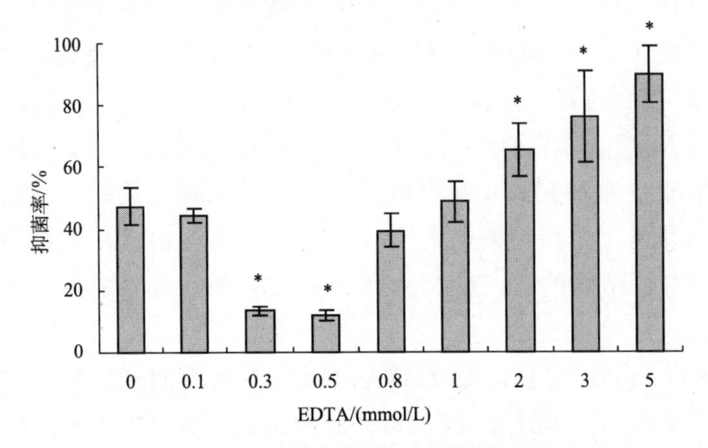

图 3-8　EDTA 对斑马鱼卵子匀浆液溶菌活性的影响

* 表示 $P<0.05$

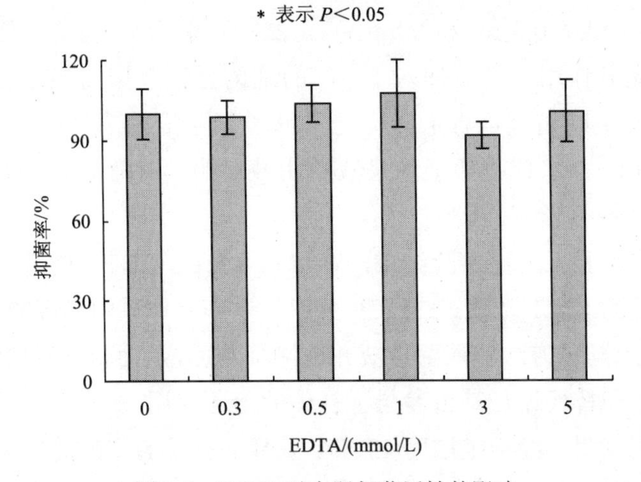

图 3-9　EDTA 对大肠杆菌活性的影响

在斑马鱼卵子匀浆液中加入 EGTA 后，由于 Ca^{2+}被螯合，导致经典补体途径和凝集素补体途径同时被抑制。从图 3-10 可以看出，在斑马鱼卵子匀浆液中加入 EGTA 对其抑菌率无显著影响。这说明，经典途径和凝集素途径并不是鱼类母源性补体发挥溶菌作用主要机制。

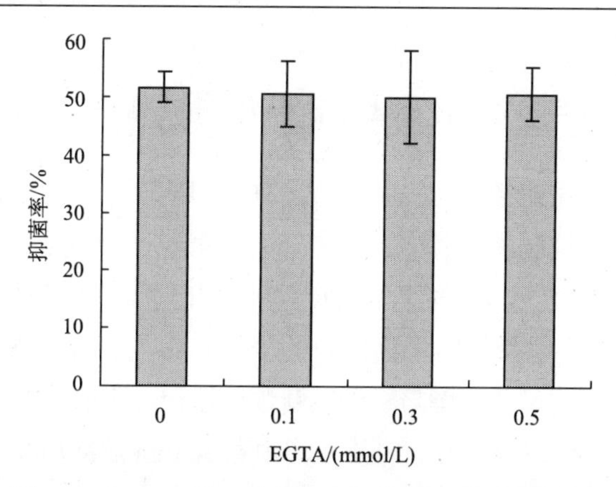

图 3-10　EGTA 对斑马鱼卵子匀浆液溶菌活性的影响

补体系统的替代途径仅需要 Mg^{2+}参与，而凝集素途径仅需要 Ca^{2+}参与。因此向 EDTA 处理的斑马鱼卵子匀浆液中加入 Mg^{2+}能恢复补体替代途径的溶菌活性，而加入 Ca^{2+}能恢复凝集素途径。实验结果表明，加入 Mg^{2+}恢复替代途径的溶菌活性后，卵子匀浆液的抑菌率可恢复到 37.7%，比正常卵子匀浆液的抑菌率仅低 7.4%。但是，加入 Ca^{2+}恢复凝集素途径活性则对抑菌活性无显著影响（图 3-11）。因此我们可以进一步得出，斑马鱼母源性补体系统的溶菌作用主要是通过替代途径来实现的。

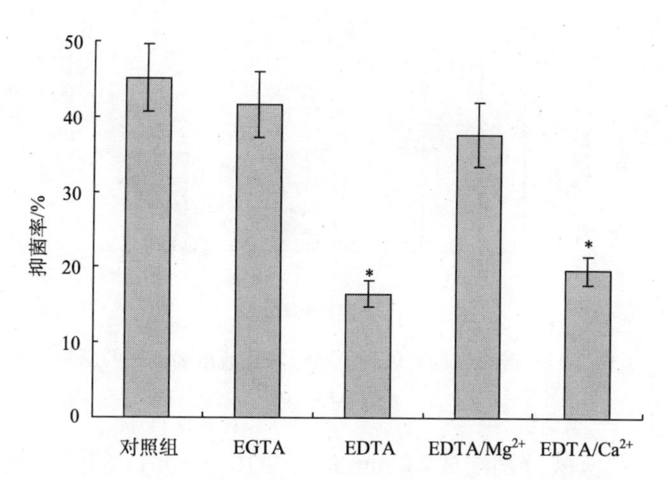

图 3-11　二价离子对斑马鱼卵子匀浆液溶菌活性的影响

* 表示 $P<0.05$

三、特异性化学抑制剂处理分析其作用机制

补体系统的不同途径可被一些特异性成分所抑制。例如，酵母聚糖能够特异性结合 C3b 并抑制替代途径，L-赖氨酸能够特异性抑制 C1 从而抑制经典途径的激活，肼是 C3 和 C4 的灭活剂，可以同时抑制 3 条补体途径。

补体系统的替代途径是由生物体内的少量 C3b 与微生物表面结合而激活的。有研究表明 C3b 可通过共价键与酵母聚糖颗粒结合。称取 10 mg 酵母聚糖加入 1 mL 14 mmol/L 的 NaCl 溶液中，在沸水浴中煮 30 min 后冷却离心（4℃，16 000 *g* 离心 5 min），去除上清并将酵母聚糖沉淀重悬于 1 mL 14 mmol/L 的 NaCl 溶液中，4 ℃保存。为了抑制补体系统的替代途径，分别取 50 μL 和 100 μL 酵母聚糖储存液，离心（4℃，16 000 *g* 离心 5 min）后弃去上清，将沉淀悬浮于 40 μL 斑马鱼卵无细胞体系中，混匀后 25℃ 孵育 0.5 h，使酵母聚糖与 C3b 充分结合。然后，将该体系再次离心（4℃，16 000 *g* 离心 5 min）以弃去酵母聚糖沉淀物及结合的 C3b。之后，按同样方法向上清斑马鱼卵子匀浆液中加入菌悬液并检测抑菌率。对照组以无菌生理盐水代替酵母聚糖溶液。实验发现，经过酵母聚糖预处理的斑马鱼卵子匀浆液的抑菌活性显著降低，由对照组的 52.1%降至 24.9%（图 3-12），表明替代途径是母源性补体发挥溶菌作用的重要途径。

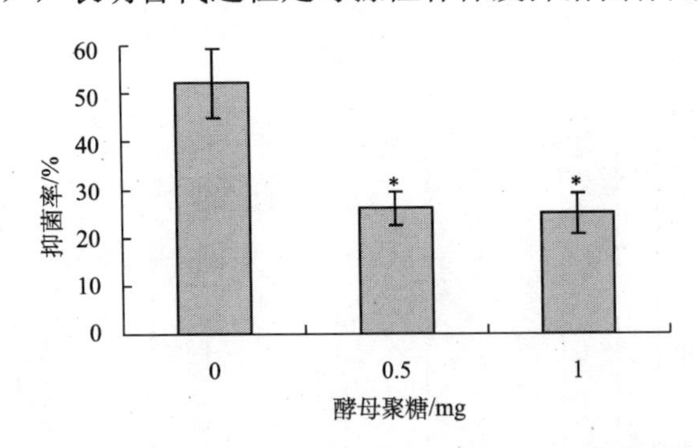

图 3-12　酵母聚糖对斑马鱼卵子匀浆液溶菌活性的影响

* 表示 $P<0.05$

将肼和 L-赖氨酸分别配成 50 mmol/L 和 10 mmol/L 的储存液，以 0.22 μm 的滤器过滤除菌后室温保存。在 40 μL 斑马鱼卵子匀浆液中分别加入 0.25 μL、0.5 μL、1.5 μL 和 3.0 μL 的肼溶液，以及 0.1 μL、0.3 μL、0.6 μL、1.2 μL 和

2.4 μL 的 L-赖氨酸溶液，混匀后 25 ℃ 孵育 0.5 h。之后向这些反应体系中加入菌悬液并检测其抑菌率。对照组以无菌生理盐水代替 L-赖氨酸和肼。此外，以无菌生理盐水代替斑马鱼卵子匀浆液进行实验来分析肼对大肠杆菌活性的影响。

从图 3-13 可以看出，随着加入卵子匀浆液中的肼增多，其抑菌率逐渐降低。但是，当反应体系中肼的浓度高于 0.3 mmol/L 时，抑菌率反而提高了。这一现象与加入 EDTA 对斑马鱼卵子匀浆液抑菌活性的影响十分相似。由于肼本身对大肠杆菌的存活无显著影响（图 3-14），因此出现上面的现象很可

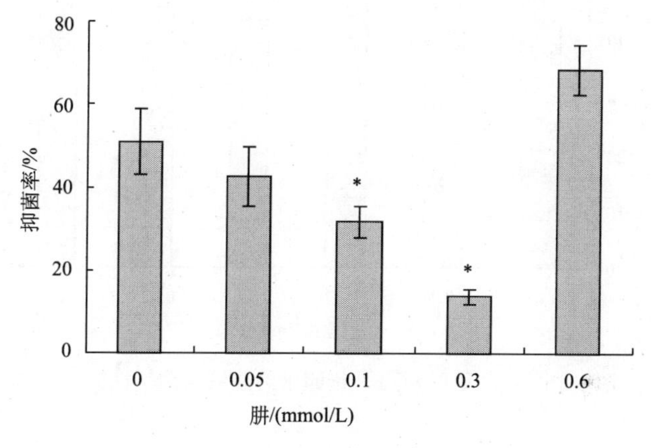

图 3-13　肼对斑马鱼卵子匀浆液抑菌率的影响

* 表示 $P<0.05$

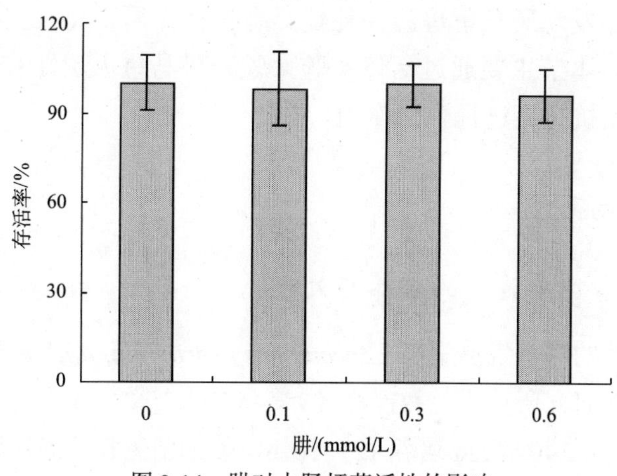

图 3-14　肼对大肠杆菌活性的影响

能是因为过量的肼也会影响细菌的细胞壁结构，使其更容易被卵子中补体以外的其他免疫活性蛋白所杀灭。另外，在斑马鱼卵子匀浆液中加入不同浓度梯度的 L-赖氨酸来抑制补体经典途径，对抑菌率并无显著影响（图 3-15），说明补体经典途径不是母源性补体发挥抗菌作用的主要机制。结合酵母聚糖对斑马鱼卵子匀浆液抑菌率的影响，我们可以再次得出，斑马鱼新生胚胎中的母源性补体主要通过替代途径发挥抗菌作用。

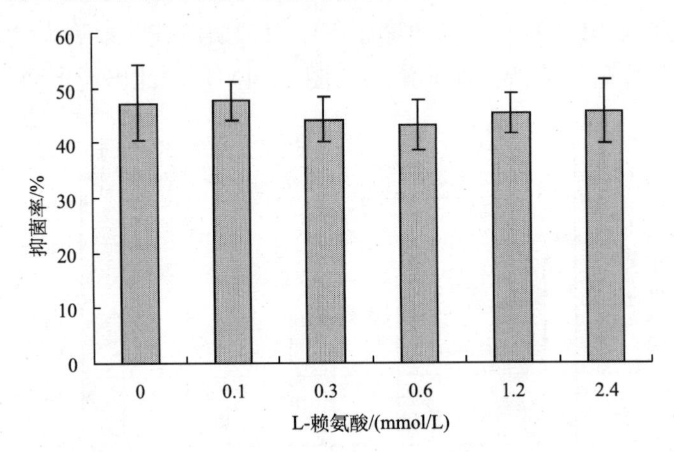

图 3-15　L-赖氨酸对斑马鱼卵子匀浆液溶菌活性的影响

第四节　鱼类母源性补体的跨代传递及其对子代的保护作用

体外实验已发现斑马鱼母源性补体具有抗菌作用，而且主要是通过替代途径发挥作用。本节主要通过活体实验来验证斑马鱼母源性补体的跨代传递过程及其在胚胎抗感染过程中的作用。

一、材料与方法

（一）嗜水气单胞菌的培养与处理

采用致病性的嗜水气单胞菌（*Aeromonas hydrophila, A.h*）菌株 LSA 20（由中国科学院海洋研究所莫照兰教授赠送）。将嗜水气单胞菌在 TSA 液体培养基中于 28 ℃条件下 140 r/min 培养 12～16 h，使细菌生长至静止期。将上述菌液离心（3000 r/min 离心 10 min），弃去上清。用灭菌 PBS 将菌体洗涤 3 次。

以 0.4% 福尔马林固定液（以灭菌 PBS 配制）于 28 ℃ 固定 24 h 后 4 ℃保存待用。取适量固定的菌液涂于 TSB 固体培养基，28 ℃ 培养 14～16 h，以确定菌体充分灭活。临用前取固定的菌液以血球计数板计数，然后用 PBS 梯度稀释使至细菌密度约为 2.5×10^9 个/mL 待用。

（二）斑马鱼免疫与样品采集

将 60 条性成熟的雌斑马鱼[平均体重为（1.1±0.2）g]随机分成两组（A 组和 B 组），每组 30 条。A 组为免疫组，B 组为对照组。将两组鱼用浓度为 168 μg/mL 的 MS222 溶液麻醉，从而减少操作过程中可能导致的胁迫反应。A 组鱼肌肉注射 20 μL 嗜水气单胞菌悬液（2.5×10^9 个/mL），平均注射量约为每条鱼 5×10^7 个细菌。B 组鱼注射等量的灭菌 PBS 作为对照。第一次免疫后第 21 天按照同样的方法对 A 组鱼进行二次免疫（图 3-16），B 组鱼仍然注射灭菌 PBS。

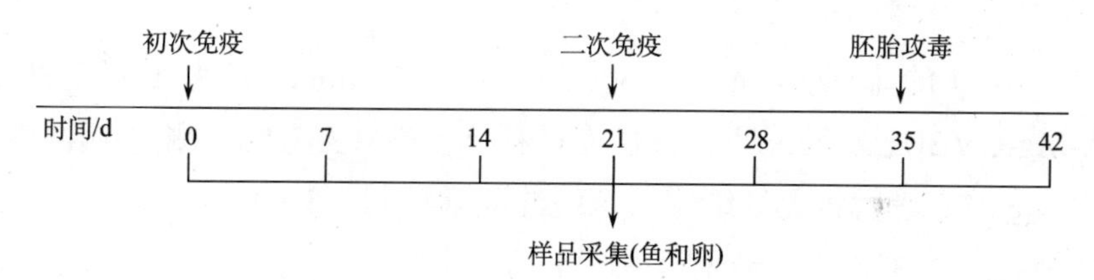

图 3-16　斑马鱼免疫及样品采集的试验设计

在第一次注射免疫前收集一次胚胎，免疫后每隔 7 d 收集一次胚胎，一直收集到免疫后 42 d，共收集胚胎 7 次（图 3-16）。在收卵的前一天傍晚将注射细菌疫苗或PBS 的雌鱼与未免疫的正常雄鱼按 2∶1 比例放在同一个水族箱中，次日早上天亮后约 1 h 收卵。收集胚胎并制备卵子匀浆液。在第一次免疫后 35 d 收集的受精卵则留出 100 多个进行培养，当其发育至 24～28 hpf（hours post fertilization）时以用于进行胚胎攻毒试验。

每次收卵后取 3 条已产卵的亲鱼。由于斑马鱼个体比较小，导致血清采集比较困难，因此我们参照 Holbech 等的方法制备斑马鱼全鱼匀浆液（whole body homogenate, WBH）。以灭菌蒸馏水将斑马鱼洗 3 次，用滤纸吸干体表水分后，加入液氮研磨，再加入 2 倍组织质量的灭菌 PBS（1 g 粉末加入 2 mL PBS）。混匀后迅速置于冰上匀浆（3000 r/min，10 s/次，4 次）。将上述匀浆液于 4 ℃，16 000 *g* 离心 30 min，取上清即 WBH，分装后 −70 ℃保存待用。

（三）兔红细胞的采集与处理

所有实验用的红细胞均来自同一只新西兰大白兔。从新西兰大白兔的耳缘静脉取血后，加入 5 倍体积的抗凝剂（即 Alsever's 液，配方见表 3-4），混合均匀后缓缓加入盛有玻璃珠的灭菌圆底烧瓶中，并置于摇床上轻摇 10 min 以去除血液中的纤维。

表 3-4　Alsever's 液配方

成分	量
柠檬酸钠	0.8 g
柠檬酸	0.055 g
氯化钠	0.42 g
葡萄糖	2.05 g
蒸馏水	100 ml

将去纤维的血液于 4℃，500 *g* 离心 5 min，弃去上清。然后用 EGTA-Mg-GVB[配方见（四）替代途径补体活性（ACH_{50}）测定]缓冲液将兔红细胞洗 3 次。最后将兔红细胞用该缓冲液稀释到 2.5×10^{8} cell/mL 。处理好的血红细胞在 4 ℃冰箱中保存备用，1 周内用完。

（四）替代途径补体活性（ACH_{50}）测定

未致敏的兔红细胞可激活血清中的 B 因子，引起旁路途径活化，导致兔红细胞溶解。当红细胞量一定时，在规定反应时间内，溶血程度与血清中参与旁路激活的补体量及活性呈正相关。

所谓 ACH_{50} 就是将血清稀释至某浓度时，其血清中补体（替代途径）能使兔血红细胞达到 50%溶血状态，此血清浓度的倒数就定义为 ACH_{50}。

本实验中所用缓冲液及其配方如下：

（1）5×VB（veronal buffered saline）储存液：2.33 mol/L NaCl 和 25 mmol/L 巴比妥钠（pH 7.4）。

（2）GVB：5 mmol/L 巴比妥钠、0.446 mol/L NaCl 和 0.1% 凝胶（pH 7.4）。

（3）10 mmol/L EGTA-Mg-GVB：10 mmol/L EGTA、10 mmol/L $MgCl_2$、5 mmol/L 巴比妥钠、0.446 mol/L NaCl 和 0.1% 凝胶（pH 7.4）。

（4）10 mmol/L EDTA-GVB：10 mmol/L EDTA、5 mmol/L 巴比妥钠、0.446 mol/L NaCl 和 0.1% 凝胶（pH 7.4）。

所有配好的缓冲液皆放在 4℃冰箱保存，1 周内用完。

实验在 1.5 mL 离心管中进行，具体步骤见表 3-5（以全鱼匀浆液为例）。

表 3-5　实验步骤（以全鱼匀浆为例）

离心管编号	1	2	3	4	5	6	7	8	9	10	11	12
全鱼匀浆液/μL	0	0	20	30	40	50	60	20	30	40	50	60
EGTA-Mg-GVB/μL	200	0	180	170	160	150	140	230	220	210	200	190
H_2O/μL	0	200	0	0	0	0	0	0	0	0	0	0
红细胞/μL	50	50	50	50	50	50	50	0	0	0	0	0
25 ℃条件下 100 r/min 离心 90 min												
加入 1 mL 4℃预冷的 EDTA-GVB 终止反应												
4℃条件下 16000*g* 离心 5 min												
各取上清 200 μL 加至 96 孔板中，用酶标仪测 A_{414}												

注：卵子匀浆液 ACH_{50} 测定时，体系中胞浆的加入量分别为 100 μL、110 μL、120 μL、130 μL 和 140 μL，然后以 EGTA-Mg-GVB 缓冲液将体积补足 200 μL。后续步骤同上

其中 1 号试管为空白对照，2 号试管为 100%溶血组，3～7 号试管为实验组，8～12 号试管为阴性对照组，目的是为了避免匀浆液与所用缓冲液产生溶血反应而影响实验结果。

将以上所得的吸光值代入 Von Krogh 方程：

$$x = k(y/1-y)^{1/n}$$

式中，x. 每毫升匀浆液中所含补体的量，即胚胎或全鱼匀浆液的体积（mL）；

y. 溶血比率 $y=[A_{414}(A)-A_{414}(B)-A_{414}(C)]/[A_{414}(D)-A_{414}(B)]$；

k. 达到 50%溶血的补体量；

n. 常数；

$A_{414}(A)$. 实验组即 3～7 号试管的吸光值；

$A_{414}(B)$. 空白对照组即 1 号试管的吸光值；

$A_{414}(C)$. 阴性对照组即 8～12 号试管的吸光值；

$A_{414}(D)$. 100%溶血组即 2 号试管的吸光值。

将上式取对数后变为

$$\lg x = \lg k + 1/n \lg(y/1-y)$$

可以看出，将匀浆液体积的对数与[$y/(1-y)$]的对数作图，便可求得回归方程并得到 k 值，而 k 的倒数即为 ACH_{50}，单位是 U/mL。

由于各时间段全鱼匀浆液和胚胎匀浆液的总蛋白含量不同，因此本实验中将上述所测得的 ACH_{50} 再除以全鱼匀浆液和胚胎匀浆液的总蛋白含量，结果以每毫克总蛋白中的 ACH_{50} 表示，单位是 U/mg。

（五）补体 C3 和 Bf 的 ELISA 测定

1. 补体 C3 的 ELISA 测定

实验中采用 ADL 公司人补体 C3 的 ELISA 试剂盒，并按照说明书进行，具体步骤如下。

（1）从试剂盒内取出各试剂，室温放置 30 min。

（2）根据说明用浓缩洗涤液和浓缩样品稀释液来配制应用洗涤液和应用样品稀释液。

（3）取出 96 孔酶标板，设空白孔，之后依照次序分别加入 100 μL 不同浓度的标准品（空白孔视为 0 号标准品，以灭菌蒸馏水代替）。

（4）分别标记待测样品编号，用样品稀释液稀释样品，各取 100 μL 加入空白孔中。

（5）将酶标板置于 37 ℃ 温育 30 min。

（6）取出酶标板，将其中的液体甩去，每个孔中加 200 μL 应用洗涤液，立即甩去液体。

（7）每个孔中再加满应用洗涤液，轻微振摇酶标板 30 s 后将洗涤液甩去，并在吸水纸上将酶标板轻轻拍干。

（8）重复第（7）步 5 次，在吸水纸上将酶标板拍干。

（9）在标准孔和样品孔中加入 100 μL 的酶标偶合液。

（10）将 96 孔板在 37 ℃ 温育 30 min。

（11）取出酶标板，按上述方法洗 6 次。

（12）在各孔中加入底物 A 50 μL 后立即加入底物 B 50 μL。

（13）将酶标板置于 37 ℃ 避光温育反应 15 min。

（14）在每个微孔中加入 50 μL 终止液，轻轻振荡混匀。

（15）显色后 15 min 内用酶标仪测定 450 nm 处的 OD 值。

（16）以各标准品的质量为横坐标，以相应的吸光值为纵坐标，制作标准曲线。

（17）根据标准曲线，计算样品含量（mg/mL）。

由于各时间段全鱼匀浆液和胚胎匀浆液的总蛋白含量不同，因此本实验中将上述所测得的补体含量再除以全鱼匀浆液和胚胎匀浆液的总蛋白含量，结果以每毫克总蛋白中的补体成分所占百分比表示。

2. 补体 Bf 的 ELISA 测定

补体 Bf 的测定采用两步法 ELISA。标准品、洗涤液、样品稀释液和终止液均取自 ADL 公司人补体 Bf 的 ELISA 试剂盒。实验方法如下。

（1）取出 96 孔板，设空白孔，之后依照次序分别加入 100 μL 不同浓度的标准品（空白孔视为 0 号标准品，以灭菌蒸馏水代替）。

（2）分别标记待测样品编号，用样品稀释液稀释样品，各取 100 μL 加入空白孔中。

（3）将酶标板置于 4 ℃ 包被过夜。

（4）取出酶标板，将其中的液体甩去，按照“1.补体 C3 的 ELISA 测定”所述方法将酶标板洗涤 6 次。

（5）在标准孔和样品孔中加入 100 μL 3% BSA，32℃封闭 1 h。

（6）取出酶标板，将其中的液体甩去，按照前面的方法将酶标板洗涤 6 次。

（7）在标准孔和样品孔中加入 100 μL 山羊抗人 Bf 抗体稀释液（1∶400），并将 96 孔板在 32 ℃ 温育 1 h。

（8）取出酶标板，将其中的液体甩去，按照前面的方法将酶标板洗涤 6 次。

（9）在各孔中加入辣根过氧化物酶标记的兔抗山羊 IgG，37 ℃ 温育 30 min。

（10）配制显色液。

A 液（0.1 mol/L 柠檬酸溶液）：1.92g 柠檬酸，以灭菌三蒸水定容至 100 mL。

B 液（0.2 mol/L Na_2HPO_4）：7.17 g $Na_2HPO_4 \cdot 12H_2O$，以灭菌三蒸水定容至 100 mL。

临用前取 A 液 4.68 mL 与 B 液 5.14 mL 混合，加入邻苯二氨（OPD）4 mg，待充分溶解后加入 30% H_2O_2 50 μL 即为底物应用液。

（11）取出酶标板，将其中的液体甩去，按照前面的方法将酶标板洗涤

6 次。

（12）在每个微孔中加入 75 μL 底物液，将酶标板置于 37 ℃ 避光温育反应 20 min。

（13）在每个微孔中加入 25 μL 终止液，轻轻振荡混匀。

（14）显色后 15 min 内用酶标仪测定 492 nm 处的 OD 值。

（15）以各标准品质量为横坐标，以相应的吸光值为纵坐标，制作标准曲线。

（16）根据标准曲线，计算样品含量（mg/mL）。

结果按上述方法转化为每毫克总蛋白中的补体成分所占百分比。

（六）胚胎攻毒实验

1. 补体参与斑马鱼胚胎免疫的验证

根据斑马鱼卵子匀浆液体外杀菌实验的结果，向斑马鱼胚胎中注射适当浓度的 C3 抗体和 Bf 抗体，使其与胚胎中的相应补体组成沉淀而引起补体失活。之后再向胚胎进行攻毒，观察其死亡率的变化，从而直接验证补体在斑马鱼早期胚胎免疫中的作用。具体步骤如下：

收集正常亲鱼所产的胚胎，当胚胎发育至 24～28 hpf，取正常胚胎 150 个，在显微镜下用解剖针去除外膜并以 0.02% MS222 麻醉后，将其随机分为 3 组，A 组、B 组和 C 组。其中，A 组胚胎每个注射大约 6 nL 的兔抗人补体 C3 多克隆抗体（平均每个胚胎约 0.28 ng），B 组注射等体积的羊抗人 Bf 多克隆抗体（平均每个胚胎 0.24 ng），而 C 组则注射等体积灭菌 PBS 作为对照。第一次注射 1 h 后分别向 3 组胚胎注射 400 个嗜水气单胞菌（6 nL）进行攻毒。统计 24 h 内的累积死亡率。

2. 母体免疫对后代的保护作用

对亲鱼进行二次免疫后的第 14 天诱导其产卵，并收集胚胎。当胚胎发育至 24～28 hpf 时挑选正常发育的胚胎 100 个，按照上面的方法去膜、麻醉后，每个胚胎注射 6 nL 的嗜水气单胞菌（平均每个胚胎 400 个细菌）。对照组则用注射 PBS 的亲鱼所产胚胎。统计 24 h 内各组胚胎的累积死亡率，并根据以下公式计算相对免疫保护率（relative percent survival，RPS）。

$$RPS=\left(1-\frac{MI}{MC}\right)\times 100\%$$

式中，M I. 免疫组死亡率；

MC. 对照组死亡率。

3. 斑马鱼胚胎对细菌的清除过程分析

收集正常亲鱼所产卵子，使其发育至 28 hpf，去卵膜后挑选 100 个健康胚胎，利用显微注射仪向其注射致病性嗜水气单胞菌，每个胚胎的注射量约为 400 个细菌。注射细菌后 0 h、12 h 和 24 h 分别取样，每个时间段取两组，一组为 10 个未致死的胚胎，另一组为单个未致死胚胎。以未注射细菌的正常胚胎做阴性对照。

用灭菌蒸馏水将胚胎洗涤 3 次，除去多余水分后加入 50 μL 灭菌的碱性胚胎裂解液（200 mmol/L NaOH, 50 mmol/L DDT 和 1% Triton X-100），在 65～70 ℃水浴中孵育 20 min 后立即置于冰上。之后取 3 μL 做 DNA 模板进行 PCR 扩增。扩增中所用引物根据嗜水气单胞菌的 16S rRNA 序列（DQ207728）设计，上、下游引物分别为 5′ - AATACCGCATACGCCCTAC-3′ 和 5′ - AACCCAA-CATCTCACGACAC-3′ 。扩增条件如下：

95 ℃	10 min	1 个循环
95 ℃	30 s	38 个循环
55.5 ℃	30 s	
72 ℃	1 min	
72 ℃	7 min	1 个循环
4 ℃	保温	

二、实验结果

（一）斑马鱼全鱼和卵子匀浆液的总蛋白含量

采用 BCA 蛋白定量测定试剂盒测得的卵子和全鱼匀浆液的总蛋白浓度见表 3-6。从表中可以看出，以同样方法提取的全鱼匀浆液的总蛋白含量在整个实验过程比较稳定，都在 13.005～15.345 之间，而卵子匀浆液的总蛋白含量则在 14.65～19.73 之间波动，比全鱼匀浆液略高。

表 3-6　斑马鱼全鱼和卵子匀浆液的总蛋白含量（mg/mL）

取样时间	免疫组		对照组	
	全鱼	卵子	全鱼	卵子
0 d	14.895±0.985	18.595±1.875	14.01±1.022	16.06±1.216
7 d	13.005±1.236	17.025±1.254	13.44±1.105	15.96±1.737
14 d	13.355±0.744	19.73±1.317	13.04±0.841	19.25±1.334
21 d	13.98±1.003	18.625±0.998	14.61±0.956	16.82±0.893
28 d	13.69±1.212	15.75±1.112	13.86±1.007	14.65±1.119
35 d	15.345±0.811	17.36±0.906	14.99±0.774	15.68±1.561
42 d	14.275±0.696	17.22±1.543	13.75±0.928	15.16±1.232

（二）母体免疫对斑马鱼亲鱼及其后代补体含量的影响

斑马鱼卵子胞浆液的体外杀菌实验证明，补体系统主要通过替代途径来发挥其溶菌活性。因此，我们分别测定了参与替代途径的主要成分 C3 和 Bf 在全鱼匀浆液和卵子匀浆液中的含量变化，并对其进行比较。利用 ELISA 测出每个样品的补体成分 C3 和 Bf 的含量（mg/mL）后，根据其总蛋白浓度换算为每毫克总蛋白中补体成分所占的百分比，再进行比较。

C3 是补体系统的关键成分，同时参与 3 条补体激活途径。向斑马鱼雌鱼注射灭菌 PBS 对亲鱼的 C3 含量均无显著影响，但以嗜水气单胞菌对斑马鱼雌鱼进行免疫后，亲鱼中补体 C3 的含量却显著升高（图 3-17A）。从图中我们可以看出，初次免疫后亲鱼的 C3 含量在第二周达到最高值，之后 C3 含量逐步降低，但各时期的 C3 含量均高于未免疫组。二次免疫后亲鱼中 C3 含量在第一周便达到最高，说明二次免疫后亲鱼的免疫反应加快。此外，二次免疫后补体 C3 含量高于第一次免疫后相应时间的 C3 含量，特别是免疫后的第一周这一现象最为明显，如免疫前亲鱼 C3 含量占全鱼总蛋白含量的 1.29%，一次免疫后增至 1.99%，二次免疫后又增至 2.52%。

向斑马鱼雌鱼注射灭菌 PBS 对其后代（卵子）的补体 C3 含量几乎没有影响，但亲鱼免疫却能够显著提高其后代中补体 C3 的含量变化，而且卵子中 C3 含量随时间的保护情况与亲鱼基本相似（图 3-17B）。对斑马鱼亲鱼进行两次免疫后，其卵子胞浆中的 C3 含量均显著升高，而且二次免疫后胚胎 C3 水平均高于初次免疫后相应时间的 C3 含量。其差别主要在于，两次免疫后 C3 含量都是在第二周达到最高。

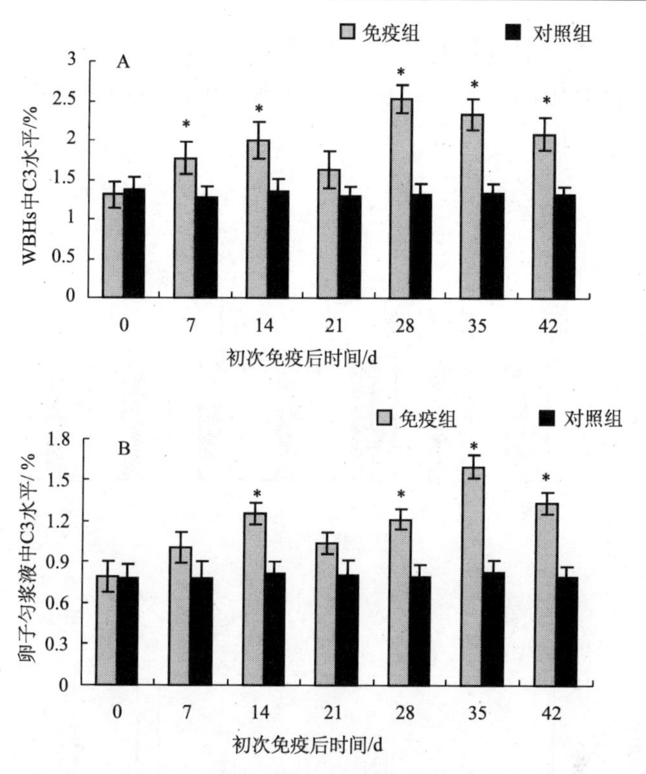

图 3-17　免疫对斑马鱼亲鱼匀浆液（WBHs）和卵子匀浆液中补体 C3 含量的影响

A. 免疫后亲鱼中补体 C3 含量的变化；B. 亲鱼免疫后卵子匀浆液中补体 C3 含量变化。* 表示免疫后亲鱼或卵子匀浆液中的 C3 含量显著高于对照组

补体 B 因子是一种急性期蛋白，而且其只参与补体系统的替代途径。向斑马鱼雌鱼注射灭菌 PBS 对亲鱼和卵子中的 Bf 含量均无显著影响，但是以嗜水气单胞菌免疫斑马鱼雌鱼后，亲鱼和其所产卵子中的 Bf 含量都显著升高（图 3-18）。其中，亲鱼匀浆液中的 Bf 含量在免疫后的第一周达到最高，卵子匀浆液的 Bf 含量在免疫后第二周达到最高；对斑马鱼雌鱼进行二次免疫后，亲鱼和卵子中的 Bf 含量则均在第二周时达到最高值。另外，二次免疫后亲鱼和卵子中的 Bf 含量均高于一次免疫后各相应时间的 Bf 水平。值得注意的是，卵子中 Bf 含量均显著低于亲鱼。

斑马鱼雌鱼免疫后不仅亲鱼中的补体关键成分 C3 和 Bf 含量升高，其所产卵子中的相应补体蛋白水平也随之升高，表明斑马鱼的母源性补体能够传递给其后代。另外，对斑马鱼雌鱼进行二次加强免疫后，亲鱼及其所产卵子中的补体蛋白含量都高于仅免疫一次后各相应时间的补体水平，也就是说二次免疫后不仅补体蛋白含量升高更为显著，而且能够在更长时间内使补体蛋白含量维持在相对较高的水平，由此可以推测斑马鱼中可能存在非特异性体液免疫因子的免疫记忆。

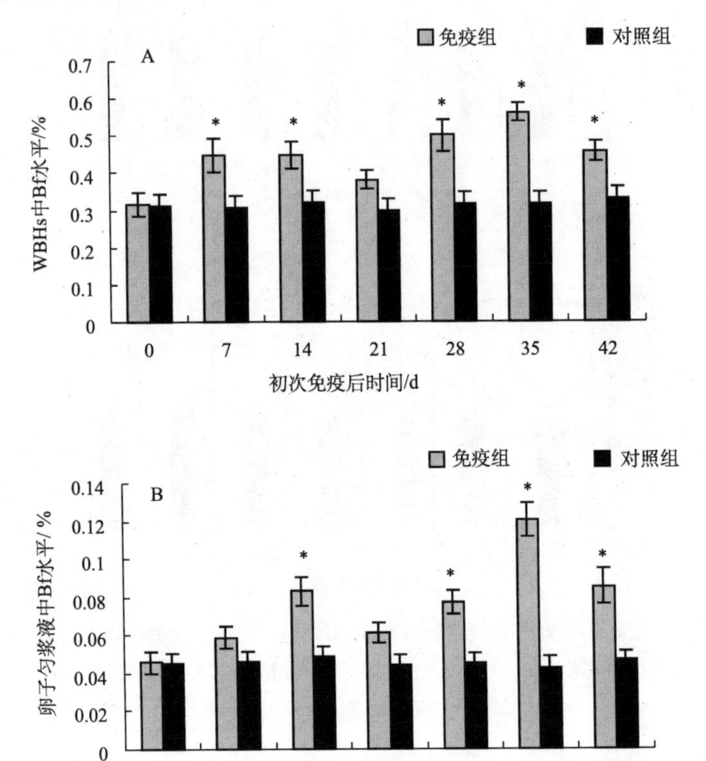

图 3-18 免疫对斑马鱼亲鱼匀浆液（WBHs）和卵子匀浆液中补体 Bf 含量的影响

A. 免疫后 WBHs 中补体 Bf 含量的变化；B. 亲鱼免疫后卵子匀浆液中补体 Bf 含量变化。* 表示免疫后亲鱼匀浆液和卵子匀浆液中的 Bf 含量显著高于对照组

（三）母体免疫对斑马鱼亲鱼及其后代 ACH_{50} 的影响

无论通过哪种途径被活化，补体系统都能对其黏附的细胞产生溶解作用。补体的溶细胞反应不仅可以抗菌，也可以抵抗其他微生物及寄生虫的感染。溶血活性是反映补体功能水平的一个重要方面，因而人们通过研究鱼类血清的溶血水平来研究鱼体补体系统的免疫活性。本章第三节已经证明了在斑马鱼早期胚胎中，补体系统主要通过替代途径参与溶菌作用。因此，通过测定

替代途径补体活性便可在一定程度上推测出母源性免疫对鱼类后代补体功能的影响。本试验中，我们首先测出全鱼匀浆液和卵子匀浆液中的 ACH_{50}（U/mL）后，再根据各样品的总蛋白浓度将其换算为每毫克总蛋白中的补体活性即 U/mg，最后再对其进行比较。

注射灭菌 PBS 和细菌疫苗后亲鱼的 ACH_{50} 变化情况如图 3-19 所示。从图中可以看出注射灭菌 PBS 对亲鱼匀浆液的 ACH_{50} 无明显影响，但注射细菌疫苗却能显著提高亲鱼匀浆液的 ACH_{50}。从免疫后的第 1 周开始，亲鱼的 ACH_{50} 便开始升高，第 2 周 ACH_{50} 达到最高（2.13 U/mg），从第 3 周开始下降（1.49 U/mg），但仍高于对照组（1.16 U/mg）。二次免疫后 ACH_{50} 增高更显著，特别是二次免疫后的第 2 周亲鱼的 ACH_{50} 可高达 2.78 U/mg。此外，二次免疫后高水平 ACH_{50} 的持续时间也更长，在二次免疫后第 3 周仍维持在一个较高的水平（2.01 U/mg）。另外，两次免疫后 ACH_{50} 都是在第二周达到最高值，而且二次免疫的 ACH_{50} 均高于初次免疫后各相应时间的水平。

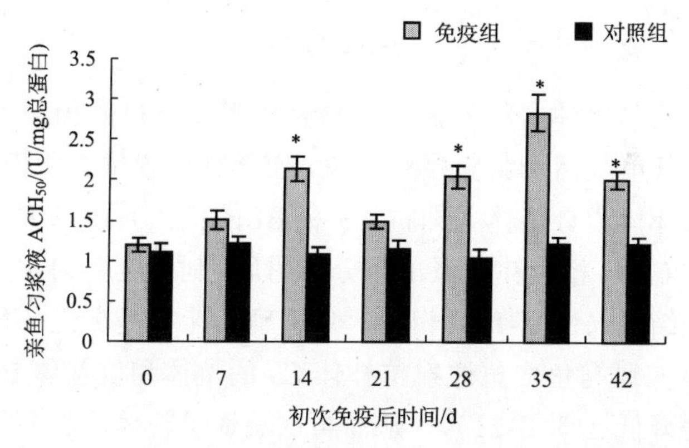

图 3-19　免疫对斑马鱼亲鱼匀浆液（WBHs）ACH_{50} 的影响

* 表示雌鱼免疫后亲鱼 ACH_{50} 显著升高

向斑马鱼雌鱼注射灭菌 PBS 和细菌疫苗后所得卵子的 ACH_{50} 变化情况与亲鱼基本相似。其中，向亲鱼注射灭菌 PBS 对卵子的 ACH_{50} 几乎没有影响，而注射细菌疫苗后卵子的 ACH_{50} 却显著升高（图 3-20）。虽然免疫亲鱼后卵子胞浆的 ACH_{50} 均有升高，但升高幅度没有亲鱼那么显著。卵子胞浆的 ACH_{50} 也是在每次亲鱼免疫后的第 2 周达到最高，而且二次免疫后各时间段 ACH_{50} 也均高于仅免疫一次时的相应水平，说明斑马鱼的母源性补体成分不仅能传递给其卵子，而且传递下来的补体成分仍然具有功能活性。

另外，各时间点卵子匀浆液的 ACH_{50} 水平均在 0.367～0.489 U/mg 之间，而亲鱼的 ACH_{50} 则在 1.16～ 2.78 U/mg 之间，说明斑马鱼卵子的补体活性远远低于成鱼的补体活性。

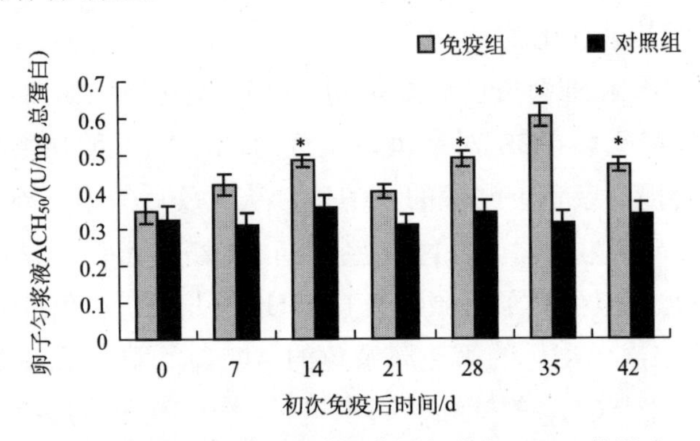

图 3-20　斑马鱼亲鱼免疫对卵子匀浆液 ACH_{50} 的影响

* 表示亲鱼免疫后卵子匀浆液的 ACH_{50} 显著升高

（四）补体成分含量与补体活性的相关性

为了证明斑马鱼体内的补体活性与补体蛋白含量的相关性，我们首先用灭活的嗜水气单胞菌疫苗免疫斑马鱼，使其补体含量有所提高。2 周后向其注射适量的补体成分抗体（即抗 C3 和 Bf 的抗体）用以灭活相应的补体蛋白，待这些抗体与相应补体蛋白充分作用后，制备全鱼匀浆液并测 ACH_{50}。与前面的实验结果（图 3-18）相同，免疫确实能够提高斑马鱼 WBH 中的 ACH_{50}。但是，向斑马鱼成鱼注射抗补体 C3 的抗体和抗补体 Bf 的抗体后，ACH_{50} 会显著降低（图 3-21），从而再次验证了补体活性与补体蛋白含量呈正相关。

（五）母源免疫对斑马鱼胚胎抗感染能力的影响

斑马鱼亲鱼免疫对其后代（胚胎）抗感染能力的影响见图 3-22。从图中可以看出，以福尔马林灭活的嗜水气单胞菌免疫斑马鱼亲鱼后，其后代的抗感染能力显著增强，这些胚胎感染嗜水气单胞菌后的死亡率（57.1%）比对照组（76.5%）低 19.4%。由此可以得出，对斑马鱼亲鱼进行免疫能够提高其后代的免疫活性，相对免疫保护率可达 25.3%。

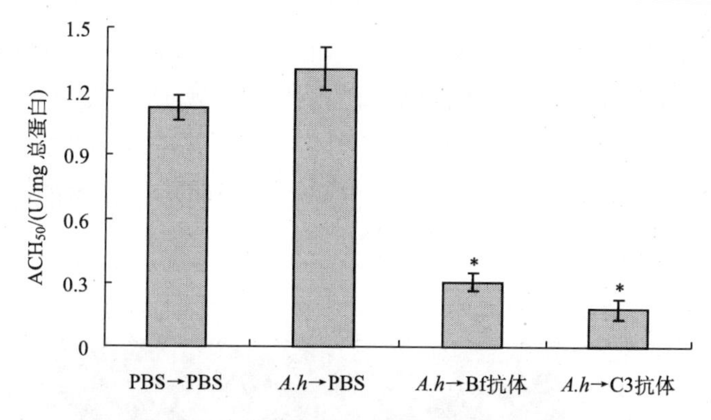

图 3-21 补体抗体对成鱼 ACH_{50} 的影响

* 表示亲鱼注射补体成分的抗体后成鱼 ACH_{50} 显著降低；*A.h* 表示嗜水气单胞菌疫苗

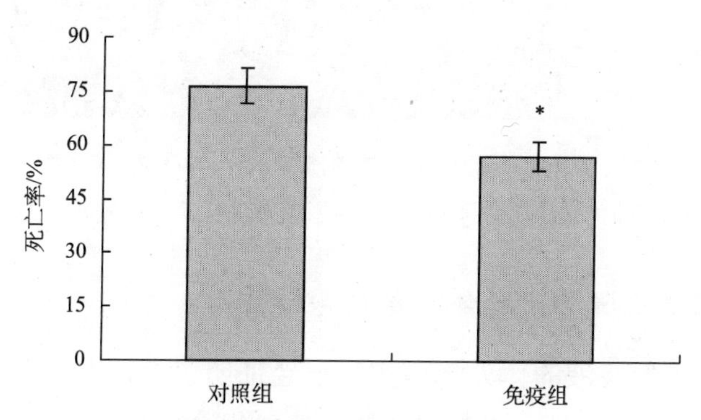

图 3-22 斑马鱼亲鱼免疫对胚胎抗感染能力的影响

* 表示亲鱼免疫后胚胎的死亡率显著降低

（六）斑马鱼胚胎清除细菌的动力学过程

为了进一步确定斑马鱼胚胎清除细菌的过程，我们向斑马鱼胚胎注射细菌后分不同时间进行取样，提取胚胎 DNA 并进行 PCR 扩增。结果如图 3-23 所示，以未注射细菌的对照组胚胎 DNA 为模板，采用嗜水气单胞菌 16S rRNA 特异性引物进行 PCR 扩增得不到特异性条带，而能够从注射细菌的胚胎 DNA 中扩增出特异性片段。从图中还可以看出，在 0 h 时扩增片段的信号最强，之后随着时间的延长，扩增片段的亮度逐渐降低，说明斑马鱼胚胎在逐步清除进入其体内的细菌；24 h 时仍能扩增出特异性条带，说明斑马鱼胚胎在攻毒 24 h 内不能彻底清除进入体内的细菌，换言之，胚胎清除体内细菌需要更多的时间。此外，12 h 的扩增条带与 0 h 相比，信号迅速减弱，意味着斑马鱼胚胎在此阶段清除体内细菌的速度比较快；相比之下，24 h 扩增条带信号与 12 h 扩增条带信号的差异则较小，说明细菌的清除速度有所降低。另外，图 3-23A 和图 3-23B 分别代表每次取样量为 10 个胚胎和单个胚胎，图 3-23A 中各时间段的扩增条带信号均比图 3-23B 中的信号强，说明扩增条带的强弱确实与模板 DNA 的量正相关。

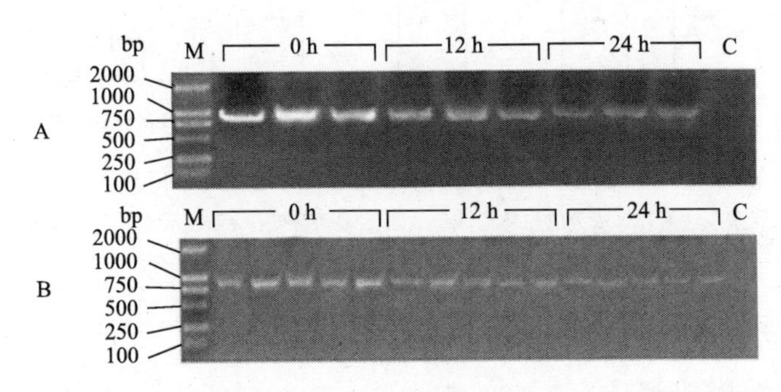

图 3-23　斑马鱼胚胎中嗜水气单胞菌 16S rRNA 的 PCR 检测

A. 各时间段的取样量为 10 个胚胎；B. 各时间段取样量为单个胚胎。M. Marker；C. 阴性对照组

（七）斑马鱼胚胎中补体的抗感染作用

斑马鱼卵子匀浆液的体外溶菌实验已经证明了补体在斑马鱼胚胎的早期免疫中起重要作用，而且主要是通过补体的替代途径发挥作用。在此基础上，我们向斑马鱼胚胎中显微注射适量的补体抗体即参与替代途径的主要成分 C3 和 Bf 的多克隆抗体后再利用嗜水气单胞菌对其进行攻毒，结果导致胚胎死亡

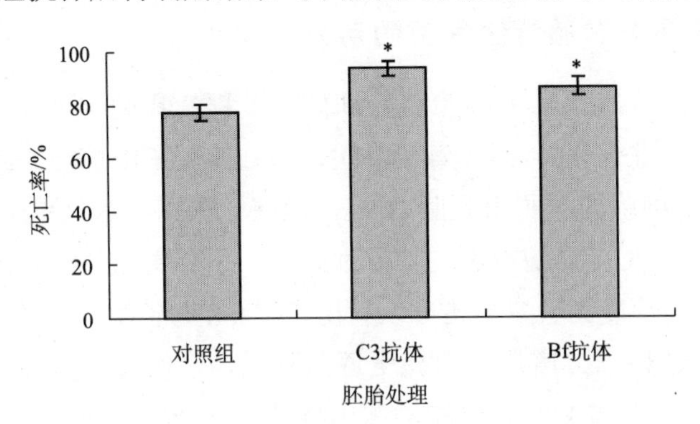

图 3-24　补体抗体对斑马鱼胚胎抗感染能力的影响

* 表示 $P<0.05$

率明显上升（图3-24）。其中，注射C3抗体和Bf抗体后胚胎在24 h内的累计死亡率分别达到93.6%和86.9%，远远高于对照组的死亡率（77.2%）。

三、讨论

体外实验表明斑马鱼卵子中的补体系统参与了早期胚胎免疫，而且主要通过替代途径发挥其溶菌作用。因此我们选择了参与替代途径的主要补体成分C3和Bf作为指标，来检测母体免疫对亲鱼及其后代中补体含量的影响。另外，由于溶血活性代表着补体功能水平的一个重要方面，我们还通过测定替代途径补体活性（ACH_{50}）来分析母源免疫对亲鱼及其后代补体功能活性的影响。

本实验中通过肌肉注射福尔马林灭活的嗜水气单胞菌疫苗对斑马鱼雌鱼进行免疫后，亲鱼及其后代中参与补体替代途径的关键成分C3和Bf的含量升高。由此我们可以推测，母源性补体成分可以由亲鱼传递给其后代。另外，雌鱼免疫后不仅亲鱼体内的ACH_{50}升高，而且其所产卵子的ACH_{50}也相应升高，说明母源性传递下来的补体成分具有免疫活性。

嗜水气单胞菌是淡水鱼暴发性败血症的主要病原，该菌能够引起淡水鱼等的败血症和人的腹泻等。嗜水气单胞菌有多种致病因子，如毒素、蛋白酶、S层蛋白等。本实验表明，嗜水气单胞菌对斑马鱼胚胎具有很强的致病性。以嗜水气单胞菌对免疫后的亲鱼所产胚胎和未免疫亲鱼所产胚胎进行攻毒发现，亲鱼免疫能够显著提高其后代的抗感染能力，从而对胚胎起到免疫保护作用。这些结果进一步证明了母体免疫是提高鱼苗存活率的有效方法。此外，我们还探索了斑马鱼胚胎清除细菌的动力学过程，研究表明胚胎在感染细菌后的12 h内清除细菌的速度比较快，此后清除体内细菌的速度有所降低，24 h后胚胎内仍能检测到残留的细菌，说明斑马鱼胚胎需要更长的时间才能彻底清除进入体内的细菌。

为了进一步通过体内实验证明补体系统参与了斑马鱼胚胎的早期免疫，我们向斑马鱼胚胎中注射兔抗人补体C3多克隆抗体和山羊抗人Bf多克隆抗体，使胚胎中的相应补体成分沉淀失活，之后用致病性嗜水气单胞菌对胚胎攻毒，结果其死亡率显著升高，从而直接证明了补体系统特别是替代途径在斑马鱼的早期胚胎免疫中具有重要作用。

综合亲鱼免疫后胚胎中补体活性和补体含量的变化，我们可以得出，斑马鱼的母源性补体不仅能够传递给其后代，而且具有免疫活性，有助于提高胚胎的抗感染能力。

以淋巴细胞和抗体为基础的免疫记忆是适应性免疫系统最突出的特征，而先天性免疫是否具有免疫记忆还是一个有争议的问题。对斑马鱼进行二次加强免疫后，亲鱼及其胚胎的补体含量和补体活性均高于初次免疫后的相应水平，说明了在斑马鱼中可能存在非特异性体液免疫因子的免疫记忆。同时这一结果也表明对斑马鱼亲鱼进行二次免疫能够增强母源性免疫对其后代的免疫保护作用。

目前，关于母源性免疫的研究主要集中在特异性母源免疫因子的传递过程和功能，而关于非特异性母源免疫因子的认识还很肤浅。已有实验表明，对雌鱼进行免疫后胚胎的溶菌酶活性和蛋白酶抑制剂活性均显著升高，本实验中以嗜水气单胞菌作疫苗对斑马鱼雌鱼进行免疫后，胚胎中的补体含量和补体活性都显著升高。这些结果表明，对亲鱼进行免疫后不仅能提高胚胎中特异性抗体的含量，非特异性体液免疫因子的含量及活性也会显著升高。因此我们可以推测母源非特异性体液免疫因子在胚胎早期发育过程中也起着重要作用。

第五节　鱼类补体系统的个体发育

目前，关于鱼类补体系统个体发育的研究主要是应用 RT-PCR 技术和原位杂交技术检测了大西洋比目鱼(*Hippoglossus hippoglossus* L.)、大西洋鳕鱼(*Gadus morhua* L.) 和斑点狼鱼不同发育阶段中 C3 mRNA 的总体表达水平及其在各组织中的表达情况，仅有 Løvoll 等利用实时 RT-PCR 技术、Western blotting 和原位杂交技术系统检测虹鳟补体成分 C3-1、C3-3、 C3-4、C4、C5、C7、Bf 和 Df 在卵子、胚胎和幼鱼各发育阶段中的转录水平和蛋白质含量，以及各成分在个体发育过程中的组织表达情况。他们发现各补体成分从 28 dpf（day past fertilization）到孵化前逐步升高，但在卵黄吸收期结束时表达水平有所降低。他们还发现补体蛋白主要在肝脏、肾脏和消化道中表达，但补体表达水平与蛋白质含量无显著相关性。

基于此，我们首次利用定量 PCR 技术从不同角度探讨了斑马鱼补体系统的个体发育过程。

一、斑马鱼不同发育阶段中补体系统对 LPS 长期暴露的应答

（一）实验方法

配鱼收卵后，选取4000多个健康胚胎，将其随机分成两组，即对照组和处理组。其中，对照组饲养于正常的水族箱中，幼鱼孵化后以草履虫培养液每天喂食 2 次，在斑马鱼个体发育的各个时期分别取样，取样时期包括分裂期（2 hpf）、囊胚期（5 hpf）、原肠胚期（10 hpf）、神经胚期（1 dpf）、成形期（2 dpf）、孵化期（3 dpf），以及 4 dpf、5 dpf、6 dpf、9 dpf、12 dpf、15 dpf、18 dpf、21 dpf 和 24 dpf。处理组则将刚收集的斑马鱼受精卵在含有 0.5 μg/L 的 LPS 的水族箱中培养，幼鱼孵化后每天喂食含 0.5% LPS 的草履虫溶液，并按照同样的个体发育阶段取样。之后按照前述方法提取 RNA，反转录制备 cDNA 并进行定量 PCR 检测。

定量 PCR 所用引物由 Primer 5 软件设计。各引物的序列、扩增子长度及在基因库中的序列号见表 3-7。

表 3-7　定量 PCR 中所用引物一览表

功能	基因	上下游引物（5′→3′）	扩增子长度/bp	基因库中序列号
参比基因	*actin*	CGAGCAGGAGATGGGAACC CAACGGAAACGCTCATTGC	102	
中心成分	*C3*	GTATTACTCACCCGATGCCCG AGATGGGGTTCACAGGCTTTAAT	146	XM684254
经典途径	*C1r/s*	GAGTTGTGTTTCAGATGGCTTGC CATTGCGATGGTCTTCAGTTCC	177	AB235997, AB235998, NM001037236
	C4	TCTGTTGGAGGAGGAGAGGATTC AGGTGCTCTCCTGACACGATTG	142	XM689530，XM685959
替代途径	*Bf*	GCTGTCCACGGAAAATAAGG TCGGTCGCATCTGCCACT	108	U34662，BC076051，NM131241，NM131338

续表

功能	基因	上下游引物（5′→3′）	扩增子长度/bp	基因库中序列号
凝集素途径	*MBL*	GCAGAGCCAGGAGTGAATGTG ACCTTCTCAATCAGGGCAATC	173	AF227738, BC095009, NM131570，XM690449
	MASP	CTGTGGTTCGCTGGTTCGG TGTTGGCGGACATCTGTAAGG	157	XM688862
溶解途径	*C6*	ATGACGCTGGCAAGGAAACT TGTCTGAACCGCAGGGCTC	189	BC057429，NM200638

定量 PCR 的反应体系同第二章第四节“斑马鱼免疫球蛋白的个体发育”，反应条件如下：

94 ℃	10 s	1 个循环
94 ℃	5 s	40 个循环
60 ℃	15 s	
72 ℃	35 s	

熔解曲线分析

反应结束后，用 $2^{-\Delta\Delta Ct}$ 法计算各补体成分的相对表达量。其中，$\Delta Ct =$（$Ct_{target\ gene} - Ct_{\beta\text{-}atctin}$），$\Delta\Delta Ct =$（$\Delta Ct_{target\ gene} - \Delta Ct_{C3\ on\ 2\ hpf}$）。

实验结果的囊胚期胚胎（2hpf）中 C3 表达水平作为 1。实验结束后，用单因素方差分析比较，实验组与对照组的表达水平以 $P<0.05$ 为差异显著。

（二）实验结果

1. 补体系统中心成分 C3 的表达模式及其对 LPS 感染的应答

补体 C3 的荧光定量 PCR 检测结果见图 3-25，各时期基因表达量均以对照组囊胚期即 2 hpf 的 C3 表达量为参比。从图中可以看出，尽管补体 C3 从受精后 2 h 就开始表达，但在孵化前的表达水平比较低，在 0.52 和 1.25 之间波动。孵化后（3 dpf）C3 表达量迅速升高，在 4 dpf、5 dpf、6 dpf、9 dpf、

12 dpf、15 dpf、18 dpf、21 dpf 和 24 dpf 表达量分别达到 3.1、7.2、22.5、32.8、25.6、48.6、55.6、46.3 和 72.8。

在 LPS（0.5 μg/L）感染的早期（孵化后 6 d 内），C3 的表达受到抑制，表达量均比对照组低，但在统计学上这种抑制作用并不显著。之后，C3 表达开始上调并超过对照组，而且统计学分析表明从 LPS 感染后第 9 天开始直到实验结束（18 dpf 除外），幼鱼的 C3 表达水平显著高于对照组。

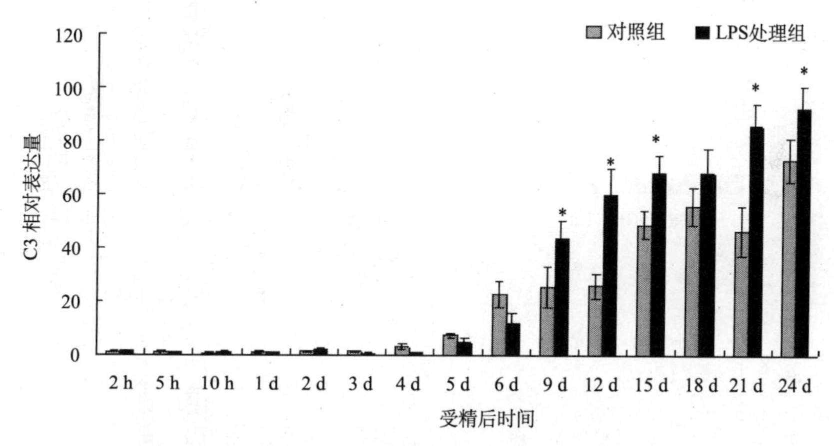

图 3-25　补体 C3 的表达模式及其对 LPS 感染的应答

* 表示 LPS 处理后基因表达水平显著上调

2. 经典途径补体基因的表达模式及其对 LPS 感染的应答

C1r/s 是参与经典补体激活途径的重要成分，而补体 C4 同时参与经典途径和凝集素途径。定量 PCR 的实验结果表明，C1r/s 和 C4 在斑马鱼胚胎发育的早期即开始表达，但是在胚胎和早期胚后发育它们的表达水平都比较低（图 3-26）。其中，C1r/s 在斑马鱼受精后 5d 内的表达水平略有波动（0.18～0.66）。此后，C1r/s 和 C4 的表达水平均逐渐增高，在 18 dpf 和 15 dpf 分别达到最高值 9.7 和 5.2。之后，二者的表达水平均又显著降低（图 3-26A）。

在 LPS 感染早期（10 hpf 到 3 dpf），C1r/s 表达水平显著下调，但是在后面各发育阶段 LPS 对 C1r/s 的表达并无显著影响（图 3-26A）。而在孵化期前后（2～4 dpf），LPS 对 C4 表达水平的抑制作用十分显著。随后，C4 的表达水平均逐步上调，并达到与对照组几乎相当的水平。值得注意的是，LPS 处理组在 9 dpf 时 C4 表达水平显著高于对照组，此外 LPS 感染后 C4 的表达量在 18 dpf 达到最高，比对照组出现峰值的时间推迟了 3 d，而且其表达量也显著高于对照组的同期表达水平（图 3-26B）。

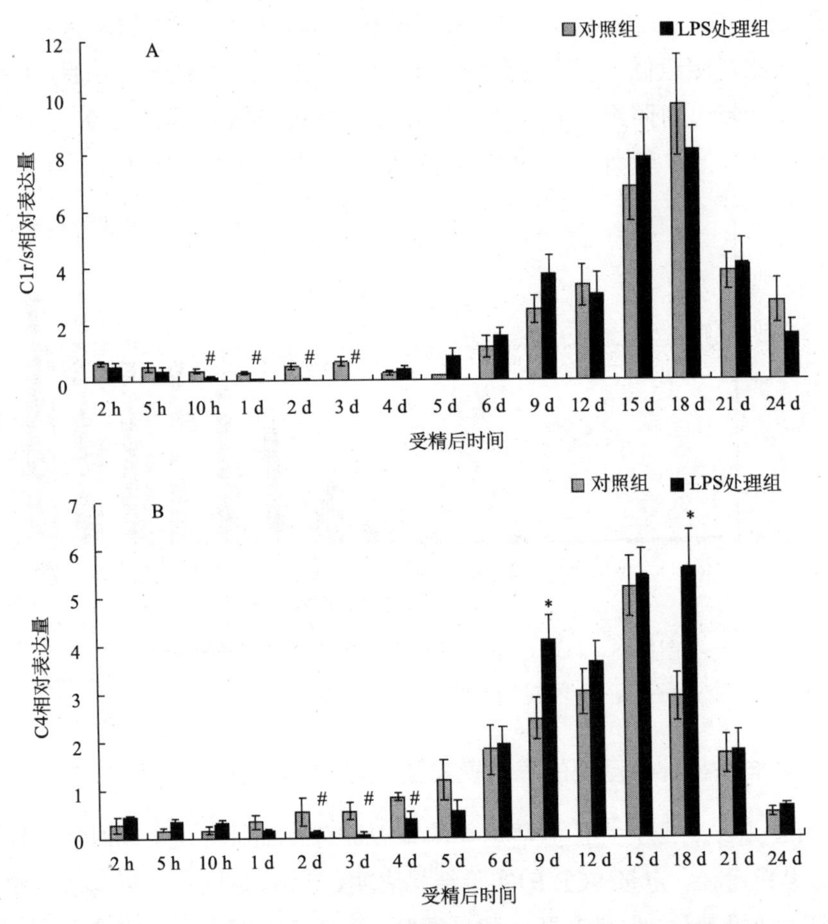

图 3-26　补体 C1r/s 和 C4 的表达模式及其对 LPS 感染的应答

A. C1r；B. C4。* 表示 LPS 处理后基因表达水平显著上调；#表示 LPS 处理后基因表达水平显著下调

3. 替代途径补体基因的表达模式及其对 LPS 感染的应答

Bf 是补体替代途径的主要参与成分，Bf 在斑马鱼个体发育过程的表达模式比较复杂（图 3-27）。从图中可以看出，Bf 从胚胎分裂期就开始表达，只是在神经胚期以前的表达水平相对较低，此后其表达水平不断增高，到孵化后第 6 天 Bf 表达水平达到最高（38.3）。此后，Bf 表达水平显著降低，在 18 dpf 降至最低（9.8），此后其表达量又开始回升。

以 LPS 感染胚胎或幼鱼后，Bf 表达模式仍表现出先升后降再逐步回升的趋势。但是，LPS 感染后 Bf 的表达量在 1 dpf 就显著高于对照组，之后从 4 dpf 开始到 24 dpf（9 dpf 除外）其表达水平一直显著高于对照组。另外，在整个胚胎发育和胚后发育过程中，Bf 的表达水平都高于参与经典途径的 C1r/s，以及同时参与经典途径和凝集素途径的 C4 的表达水平。

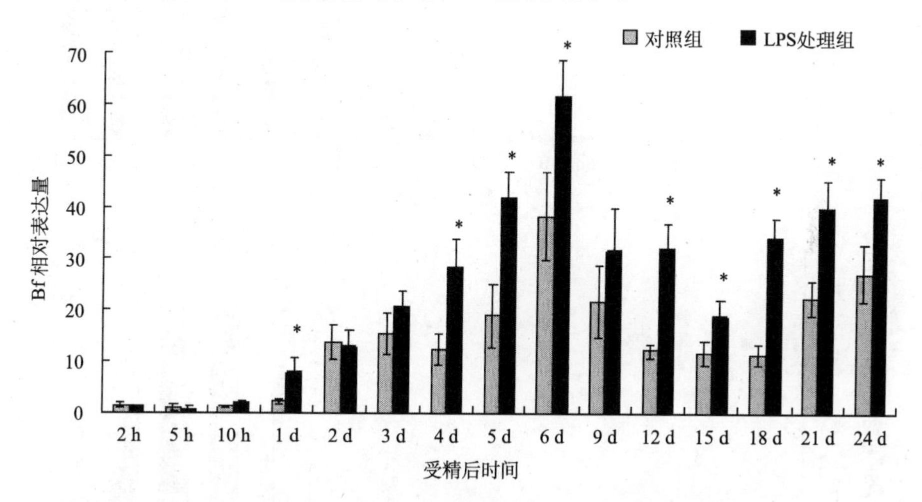

图 3-27　补体 Bf 的表达模式及其对 LPS 感染的应答

* 表示 LPS 处理后基因表达水平显著上调

4. 凝集素途径补体基因的表达模式及其对 LPS 感染的应答

MBL 和 MASP 只参与凝集素补体途径。在胚胎发育的整个过程中，MBL 的表达模式与补体 C3 比较相似。MBL 在胚胎发育早期的表达很低，孵化后其表达量逐步升高，到 24 dpf 增至 43.6（图 3-28A）。以 LPS 处理胚胎后，在胚胎发育早期 MBL 的表达水平受到一定程度抑制。之后，MBL 的表达水平逐步开始上调，从 18 dpf 开始其表达量显著高于对照。

MASP 的表达模式与 C1r/s 比较相似（图 3-28B），在胚胎发育早期其表达量比较低，而且有所波动（0.08～0.31）。随后，从 9 dpf 开始 MASP 表达量迅速升高，到 15 dpf 达到最高（4.16）。但是从 18 dpf 开始，其表达量又逐步下降，到实验结束时（24 dpf）降至 2.04。整体看来，LPS 处理后 MASP 的表达水平均有所下调，特别是在孵化期前后（1～4 dpf）其表达量显著低于对照组。

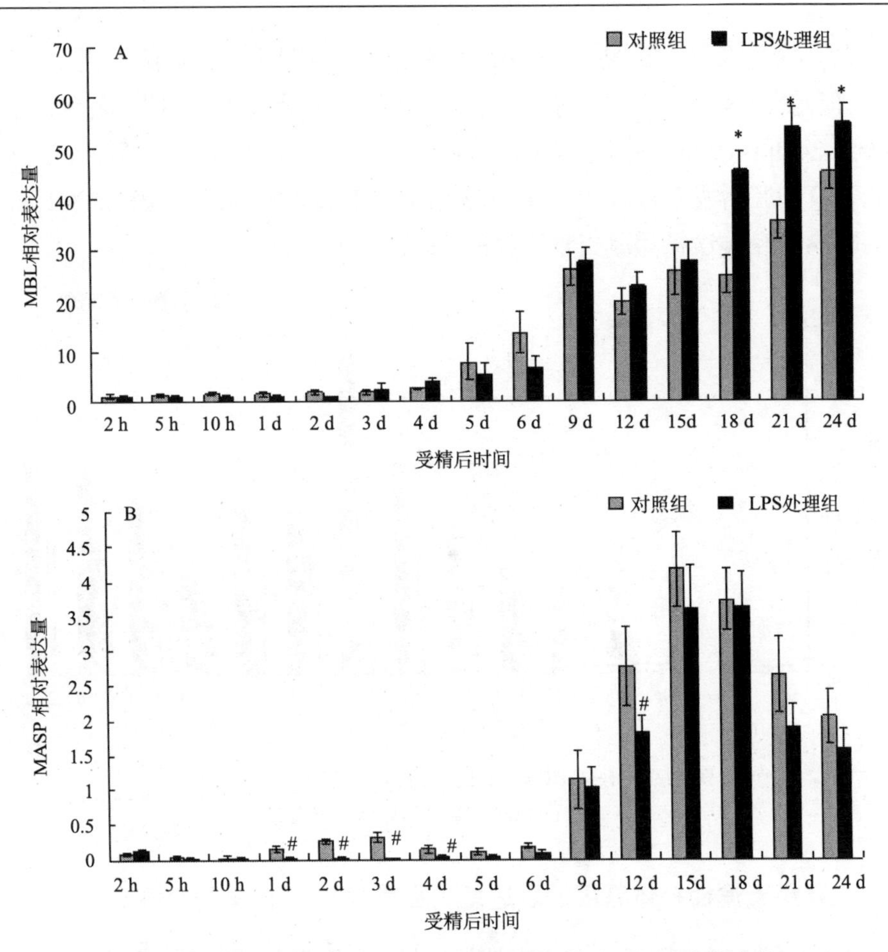

图 3-28　补体 MBL 和 MASP 的表达模式及其对 LPS 感染的应答

A. MBL；B. MASP。* 表示 LPS 处理后基因表达水平显著上调；#表示 LPS 处理后基因表达水平显著下调

5. 溶解途径补体基因的表达模式及其对 LPS 感染的应答

C6 是参与补体溶解途径的重要成分。从图 3-29 可以看出，C6 的表达模式与其他补体基因完全不同。C6 在 2 hpf 的表达量最高（71.4），之后逐渐降低，到孵化后第 2 天即 5 dpf 降至最低，仅为 1.2。此后，C6 的表达量又逐步回升，到 24 dpf 则又升高到 38.5。用 LPS 感染胚胎和幼鱼后，C6 的表达量先是受到抑制，其中 2 dpf 以前的抑制效果十分显著。从孵化后第 3 天（6 dpf）开始，C6 的表达水平开始上调，并逐步超过对照组，特别是在 15 dpf、21 dpf 和 24 dpf，C6 表达水平显著高于对照组。

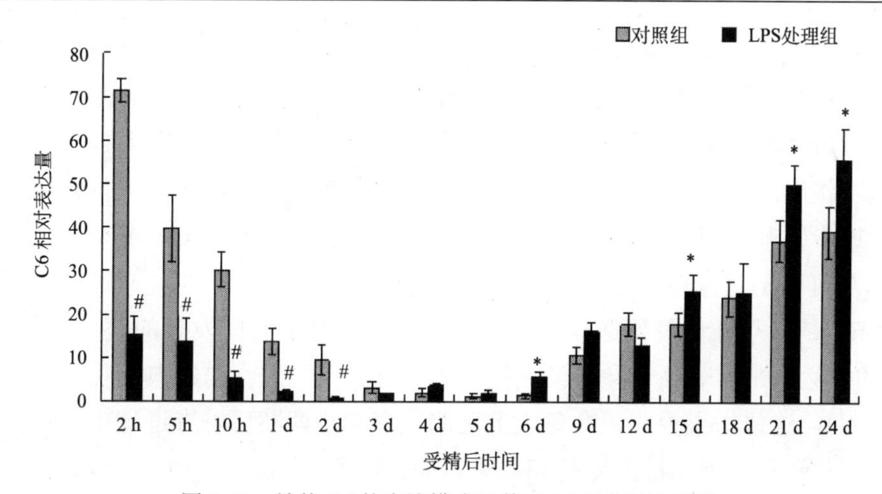

图 3-29　补体 C6 的表达模式及其对 LPS 感染的应答

* 表示 LPS 处理后基因表达水平显著上调；#表示 LPS 处理后基因表达水平显著下调

（三）讨论

鱼类在淋巴器官成熟并获得免疫活性前便暴露在水环境中，很容易受各种病原体的攻击，但是关于鱼类早期发育阶段防御机制的研究还很有限。已有研究表明补体系统参与鱼类早期发育阶段的免疫功能。目前，除虹鳟、大西洋鲑、斑点狼鱼和鳕鱼外，关于鱼类胚胎发育过程中补体系统基因表达模式的研究还很少。C3 是补体系统的中心成分，3 条补体激活途径都需要 C3 参与。本实验主要研究了参加各补体激活途径的主要成分（C3、C1r/s、C4、C6、Bf、MBL 和 MASP）在斑马鱼胚胎发育过程中表达模式。其中，补体 C3 的表达水平呈现出逐渐升高的趋势，这一点与大西洋鲑相似。但是，Løvoll 等关于虹鳟的研究发现补体C3的表达水平在孵化之前逐渐增加而孵化后却开始下降。此外，斑马鱼胚胎发育过程中 Bf 和 C4 的表达模式与虹鳟却有所类似。其中，补体 C4 在孵化前的表达量一直很低，孵化后则明显升高；而补体 Bf 的表达水平在孵化前逐渐升高，孵化后却有所降低。 由此可以得出，不同基因在同一物种中的表达模式不同，而且同一基因在不同物种中的表达模式也各不相同。

斑点狼鱼中，补体 C3 在肝脏发育过程中的细胞分裂期便开始表达。而在鳕鱼胚胎发育过程中，受精后 11 d 即可检测到补体 C3 的转录。本实验中所研究的补体系统基因在斑马鱼受精后 2 h 均有表达。这一结果再次证明了补体基因在鱼类胚胎发育的早期便开始转录。另外，在斑马鱼胚胎发育早期，除 C6 外所有补体基因的表达水平都比较低，而在孵化后补体基因的表达水平均有所升高，说明母源性补体成分可能在胚胎孵化前的免疫防御过程中发挥重要作用。补体 C6 在胚胎发育早期的表达量很高，之后逐渐降低，到孵化后才逐步回升，说明斑马鱼早期胚胎中存在大量的母源性 C6 mRNA，这些 mRNA 可以迅速被转录翻译成蛋白质而参与胚胎免疫。

Bf 是参与补体替代途径的重要成分。在斑马鱼胚胎发育的整个过程中，Bf 的表达水平显著高于参与经典途径的 C1r/s 及同时参与经典途径和替代途径的 C4。这些结果说明，在鱼类的胚胎发育和早期胚后发育过程中，补体系统的替代途径可能比经典途径和凝集素途径起着更为重要的免疫作用。

以 LPS 感染胚胎/幼鱼后，参与替代途径的 C3 和 Bf 在孵化后迅速上调并超过对照组；参与经典途径和凝集素途径的 C1r/s 和 MASP 的表达水平却没有升高，甚至还有所降低；同时参与经典途径和凝集素途径的 C4 在胚胎发育早期呈现下调趋势，之后其表达水平维持在与对照组同等水平并略有波动；仅参与凝集素途径的 MBL 的表达水平在 18 dpf 之前与对照组并无显著差异，但此后却开始显著上调。由此我们可以初步推测，斑马鱼的补体系统特别是替代途径可能从胚胎孵化后逐渐开始成熟并获得免疫活性。此外，参与溶解途径的 *C6* 基因的调控模式比较特殊，以 LPS 感染斑马鱼胚胎后，C6 在孵化前的表达水平显著下调，孵化后则表现出显著上调模式，由此可以初步推测 LPS 感染胚胎后大量的母源性 C6 mRNA 被迅速消耗。

LPS 是构成革兰阴性菌细胞壁的一种脂多糖，能够引起一系列的生物学效应，包括免疫刺激活性等。大多数补体成分都是急性期反应蛋白，在适当的免疫刺激后补体水平会表现出上调趋势。已有实验表明，当鲤鱼、虹鳟、斑点叉尾鮰、大西洋大比目鱼和斑马鱼等硬骨鱼受细菌感染后，体内的补体成分特别是 C3 和 Bf 的表达水平会显著升高。本实验中，以 LPS 处理斑马鱼胚胎后，在胚胎发育早期大多数补体基因的表达均受到抑制，呈现出不同程度的下调表达，这一点与鲤鱼胚胎注射 LPS 后 C3 表达水平的应答模式类似，可能是因为在鱼类胚胎发育的早期补体系统尚未发育成熟，从而不能对外界刺激做出有效的应答。但是随着胚胎的发育，补体系统也逐渐发育和成熟。参与替代途径的补体基因 *C3* 和 *Bf* 的表达水平分别从 9 dpf 和 4 dpf 开始上调，其表达量也显著高于对照组。另外，Ober 等研究发现补体成分的主要合成器官肝脏在斑马鱼孵化时便充分发育并完全血管化。由此我们可以初步推测，斑马鱼的补体系统特别是替代途径可能从胚胎孵化后逐渐开始成熟便具有免疫活性。这是关于斑马鱼胚胎发育过程中补体基因表达模式及其对LPS感染的应答调节的首次报道。

有研究表明斑马鱼在发育至3周大小时其外围系统还不具有T细胞，而且仅在前肾部位具有少量的Rag-阳性细胞，因此其适应性免疫系统也尚未发育成熟。在本实验中，胚胎和3周大小的幼鱼受到LPS感染后补体基因*C1r/s*和*C4*的表达水平均没有显著变化，这也说明了经典途径仍处于发育之中。同样，以LPS感染胚胎后，参与凝集素途径的MBL在18 dpf后才开始上调，而MASP表达水平却一直没有升高，甚至还有所降低，说明补体系统的凝集素途径也尚未成熟。

二、斑马鱼不同发育阶段中补体系统对LPS短期暴露的应答

（一）实验方法

配鱼收卵后，选取2000多个健康胚胎，饲养于正常的水族箱中，幼鱼孵化后以草履虫培养液每天喂食2次。在3 d、7 d、14 d、21 d和28 d分别取约100个幼鱼浸泡于1 μg/L的LPS溶液中，0 h（对照）、3 h、6 h和12 h后分别收集30个幼鱼提取RNA，经反转录后利用定量PCR技术分析各时期补体基因对LPS的应答。实验用引物、反应体系和反应条件同一、斑马鱼不同发育阶段中补体系统对LPS长期暴露的应答。

（二）实验结果

1. 补体系统中心成分C3的表达模式及其对LPS感染的应答

从图3-30可以看出，斑马鱼幼鱼中C3表达水平在随个体发育进程先升高后降低，在3 dpf、7 dpf、14 dpf、21 dpf和21 dpf的表达水平分别为1.0、5.092、11.942、13.675和3.343。LPS处理3 dpf的幼鱼对C3表达水平没有影响，但7 dpf幼鱼受到LPS处理12 h后可以检测到C3表达水平显著降低。相比之下，14 dpf和21 dpf幼鱼中C3可以对LPS处理做出快速应答，处理3 h后C3表达水平迅速升高，之后其表达水平逐步降低，12 h则降到低于正常组

的水平。随着个体继续发育，28 dpf 幼鱼受到同浓度 LPS 处理 12 h 后 C3 表达水平才显著升高。

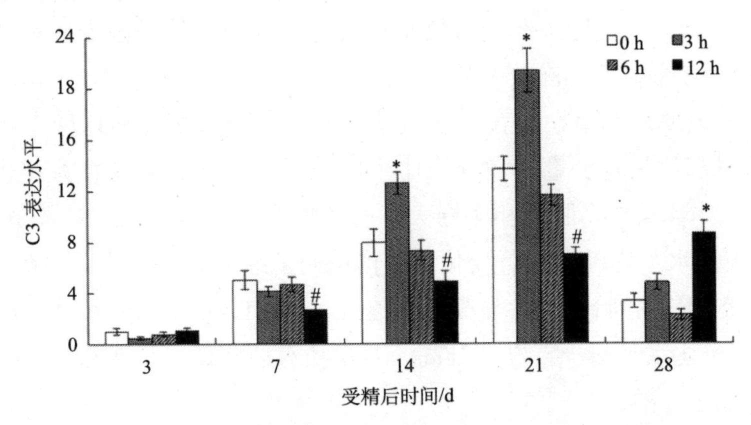

图 3-30　补体 C3 的表达模式及其对 LPS 感染的应答

* 表示 LPS 处理后基因表达水平显著上调

2. 经典途径补体基因的表达模式及其对 LPS 感染的应答

在 3～21 dpf，斑马鱼幼鱼中 C1r/s 和 C4 的表达水平逐步升高，最高值分别为 0.035 和 0.433（图 3-31），但都低于 C3 在个体发育过程中的表达水平。在 28 dpf，二者的表达水平均又显著降低，分别为 0.008 和 0.257。从图中还可以看出，不同发育阶段幼鱼中 C4 表达水平均高于 C1r/s。

LPS 处理对斑马鱼早期幼鱼（7 dpf 之前）中 C1r/s 和 C4 的表达水平无显著影响，但 14 dpf 之后幼鱼中 C1r/s 对 LPS 处理表现出有效应答，即表达水平显著升高。相比之下，21 dpf 之后幼鱼体内 C4 才对 LPS 做出有效应答。值得注意的是，尽管 7 dpf 幼鱼受 LPS 处理 6 h 后 C4 表达水平显著升高，但由于后阶段幼鱼中 C4 未对 LPS 处理作出应答，故不予考虑。

3. 替代途径补体基因的表达模式及其对 LPS 感染的应答

在对照组幼鱼中，Bf 表达水平随个体发育过程而波动，在 3 dpf、7 dpf、14 dpf、21 dpf 和 28 dpf，Bf 的表达水平分别为 0.843、2.400、1.672、1.812 和 2.489（图 3-32）。通过比较可以发现，在斑马鱼幼鱼发育的不同阶段，Bf 的表达水平均低于 C3，高于 C1r/s 和 C4。LPS 处理后，3 dpf 幼鱼中 Bf 的表达水平无明显变化，7 dpf 幼鱼中 Bf 表达水平则迅速降低，后期幼鱼

（14～28 dpf）中 Bf 表达水平则均在处理后不同时期显著升高。

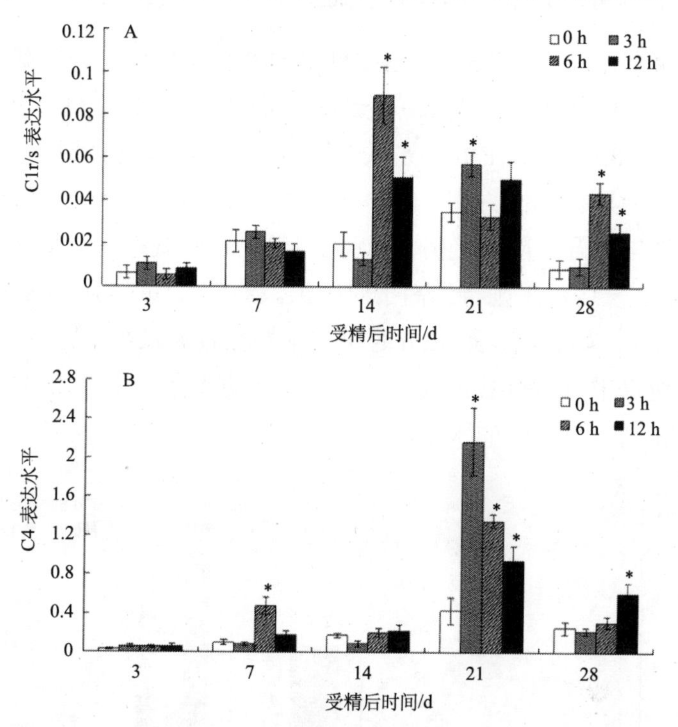

图 3-31　补体 C1r/s 和 C4 的表达模式及其对 LPS 感染的应答

A. C1r/s；B. C4。* 表示 LPS 处理后基因表达水平显著上调

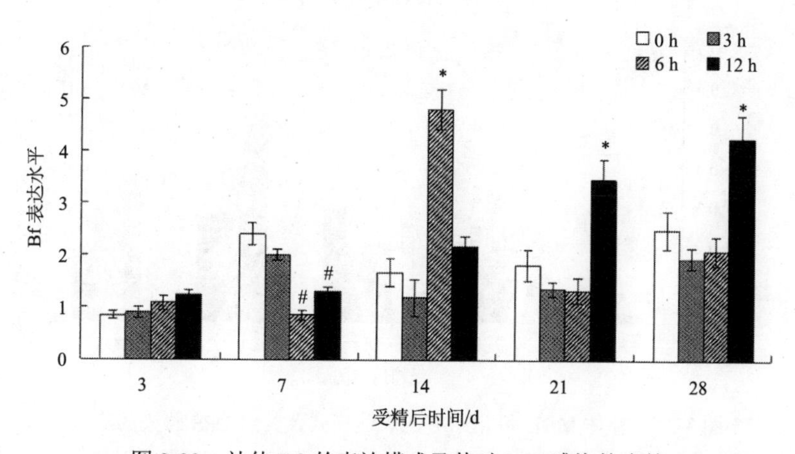

图 3-32　补体 Bf 的表达模式及其对 LPS 感染的应答

* 表示 LPS 处理后基因表达水平显著上调；#表示 LPS 处理后基因表达水平显著下调

4. 凝集素途径补体基因的表达模式及其对 LPS 感染的应答

在斑马鱼个体发育过程中，MBL 和 MASP 均表现出先升后降的表达模式（图 3-33）。其中，MBL 在 21 dpf 表达水平最高（5.060），MASP 则在 14 dpf 表达水平最高（0.191）。在 14 dpf 以前的幼鱼中，LPS 处理后 MBL 和 MASP 的表达水平均无显著变化。但以 LPS 处理 21 dpf 幼鱼后，MBL 和 MASP 的表达水平均表现出先升后降的趋势，区别在于 MBL 的表达水平最终降至低于对照组，而 MASP 表达水平则持续高于对照组。28 dpf 幼鱼受到 LPS 处理后 MBL 表达水平从 3 h 开始升高，到 12 h 时仍然维持在较高水平。另外，28 dpf 幼鱼中 MASP 表达水平对 LPS 处理的应答与 21 dpf 幼鱼极为相似，均是先升后降，且一直维持在高于对照组的水平。

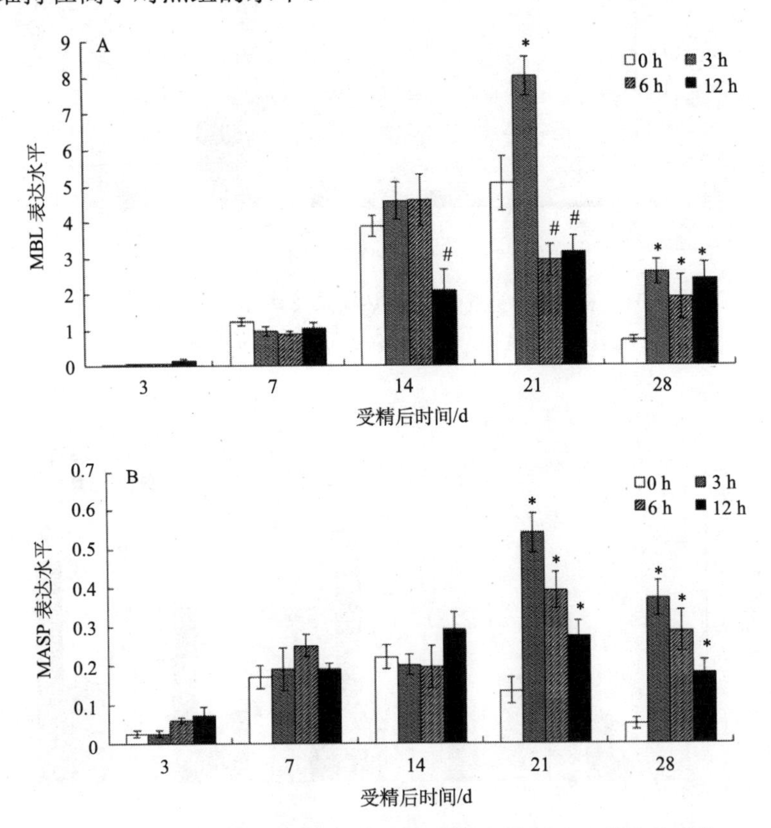

图 3-33　补体 MBL 和 MASP 的表达模式及其对 LPS 感染的应答

A. MBL；B. MASP。* 表示 LPS 处理后基因表达水平显著上调；#表示 LPS 处理后基因表达水平显著下调

5. 溶解途径补体基因的表达模式及其对 LPS 感染的应答

从图 3-34 可以看出，C6 的表达模式同样表现出先升高后降低的趋势，在 21 dpf 时表达水平最高（3.668）。另外，从 7 dpf 开始，LPS 处理幼鱼后体内 C6 表达水平均表现出不同程度的升高。

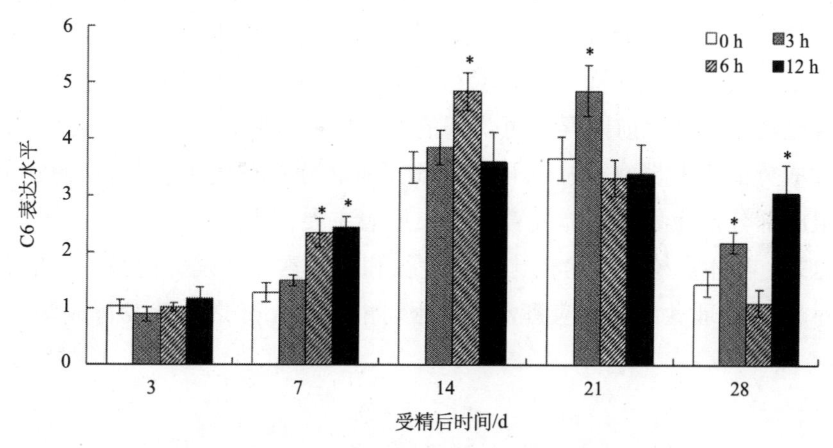

图 3-34　补体 C6 的表达模式及其对 LPS 感染的应答

* 表示 LPS 处理后基因表达水平显著上调；#表示 LPS 处理后基因表达水平显著下调

（三）讨论

鱼类比高等脊椎动物更加依赖于非特异性免疫，本实验通过 LPS 短期暴露实验研究了补体系统代表性基因的个体发育过程。与 LPS 长期暴露的实验结果相似，本实验发现 C1r/s、C4 和 MASP 的表达水平都随着幼鱼个体发育进程而表现出先升高后降低的趋势，而且 Bf 表达水平同样表现出了高低波动的现象。长期暴露实验中 C3、MBL 和 C6 的表达水平从 3 dpf 到 24 dpf 逐步升高，但本实验发现 28 dpf 时它们的表达水平都有所降低。另外，本实验同样发现各阶段斑马鱼幼鱼中 Bf 表达水平显著高于 C1r/s、C4 和 MASP，从而再次证明了在斑马鱼个体发育过程中替代途径可能比经典途径和凝集素途径具有更重要的免疫功能。MBL 在 7～28 dpf 期间的表达水平比较高，说明其除了参与补体系统激活之外，还具有凝集活性等其他生物学功能。

以 LPS 处理斑马鱼幼鱼后，Bf、C3 和 C6 在较早的个体发育阶段（7 dpf）即表现出上调表达。相比之下，C1r/s 从 14 dpf 开始可以对 LPS 处理做出有效应答，而C4、MBL 和 MASP 则从 21 dpf开始对LPS做出有效应答。这些结果再次证明了补体系统替代途径比经典途径和凝集素途径发育更快，而且在斑马鱼个体发育早期补体系统主要通过替代途径发挥作用。

有研究表明斑马鱼适应性免疫系统在21 dpf之前尚未发育完全，而我们则发现与适应性免疫相关的经典途径个体发育过程较慢。作为低等脊椎动物，鱼类更加依赖于非特异性免疫系统，这也在一定程度上解释了替代途径比经典补体途径发育更快，而且在鱼类个体发育早期具有更重要的作用。另有研究发现斑马鱼在孵化前即存在可辨别的血管化的肝脏，而这是合成 Bf 和 C3 等补体成分的主要器官，从而再次证实了补体系统作为非特异性免疫系统的重要组成部分，在鱼类个体发育早期发挥着主要作用。

总之，补体系统替代途径比经典途径和凝集素途径发育更快，它在14 dpf即可对LPS处理做出有效应答，而且很可能在28 dpf之前就发育成熟。

第四章　鱼类其他母源性免疫因子

除母源性 Ig 和补体之外，研究报道的鱼类母源性免疫因子还有溶菌酶、凝集素和抗菌肽等。最近，有研究发现鱼类卵黄蛋白原对子代也具有一定的免疫保护作用。本章主要阐述了鱼类母源性溶菌酶、凝集素和卵黄蛋白原的研究进展。

第一节　鱼类母源性溶菌酶

一、鱼类溶菌酶概述

溶解酶是一种专门作用于微生物细胞壁的水解酶，又称胞壁质酶，广泛存在于生物体内，具有生物相溶性好，对组织无刺激、无毒性等优点。溶菌酶具有各种不同的生理生化作用，包括非特异性的防御感染免疫反应、血凝作用、间隙连接组织的修复、参与黏多糖的生物合成代谢及抗菌作用等。

溶菌酶广泛存在于鱼类的血清、皮肤黏液和组织器官当中，是一种重要的非特异性体液免疫因子。溶菌酶对革兰阳性菌的杀伤力比较强，但鱼类的溶菌酶比哺乳动物具有更广谱的抗菌活性，对作为鱼类大部分致病菌的革兰阴性菌也具有同样的破坏力，这可能与溶菌酶的类型有关。在虹鳟体内就发现了两种不同的溶菌酶，而且其中一种对革兰阴性菌有较强作用。关于草鱼（*Ctenopharyngodon idella*）、鲢鱼（*Hypophthalmichthys molitrix*）、鳙鱼（*Aristchthys nobilis*）和团头鲂（*Megalobrama amblycephala*）4 种鱼类的溶菌酶研究发现，4 种鱼的血清溶菌酶均对鱼害黏球菌有一定的溶菌活性，但草鱼最高。

温度、pH 等理化因子及免疫刺激物和疫苗等也会对溶菌酶的活性造成影响。例如，Subbotkina 对伏尔加河 12 种鱼类（分别属于 6 个目）的组织器官和血清中的溶菌酶进行了研究，发现内脏的溶菌酶含量因种类、季节和栖息地及食物的不同而不同。对罗非鱼溶菌酶的研究表明，其血清、肝溶菌酶的最适 pH 是 6.30，最适温度是 28 ℃，鳃中溶菌酶的最适 pH 为 6.10，最适温度是 34 ℃，在 50 ℃条件下保温 40 min 以上将被灭活，在 37 ℃以下活性是稳定的。然而，溶菌酶活性并不是在一定范围内随温度升高而增强。例如，草鱼在 10 ℃时各器官组织中溶菌酶活性较低，在 20 ℃和 28 ℃则相对上升，而日本鳗鲡（*Anguilla jaconica*）的组织器官中溶菌酶活性在 15 ℃较高，在 25 ℃和 30 ℃则下降。另有研究发现大西洋大比目鱼血清中溶菌酶活性在一年中处于恒定的水平，但黑线鳕（*Melangranmus aeglefinus*）则因季节变化酶活性也发生变化。另外，对鲤鱼注射豚鼠气单胞菌灭活疫苗可以使鲤血清溶菌酶活性升高，至 72 d 达到最高值。而在饲料中添加重组酵母菌也可以使大西洋大比目鱼（*Paralichthys olivaceus*）血清中的溶菌酶活性增强。

二、鱼类母源性溶菌酶的发现

溶菌酶是非特异性免疫系统的重要组成部分，它通过水解细胞壁中的肽聚糖而引起细菌溶解。溶菌酶对革兰阳性菌的作用比革兰阴性菌强。然而在鱼类等低等生物中，溶菌酶对革兰阴性菌的作用也比较强。此外，溶菌酶可与其他非特异性免疫成分如补体共同参与免疫反应。目前，已在银鲑、罗非鱼、海鲷、斑马鱼、香鱼和珠星三块鱼（*Tribolodon hakonensis*）的卵子、受精卵及幼鱼中检测到母源性溶菌酶。

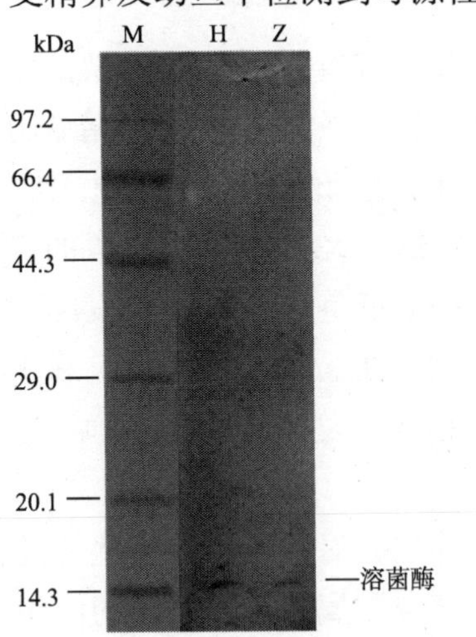

图 4-1 斑马鱼卵子匀浆液中溶菌酶的 Western blotting 检测

M.Marker；H.人血清；Z.斑马鱼卵子匀浆液

为证明斑马鱼受精卵中存在母源性溶菌酶，我们将斑马鱼卵子匀浆液与人血清进行 12%的变性凝胶电泳（SDS-PAGE），之后将蛋白转移到 PVDF（聚偏氟乙烯）膜上，经封闭后用山羊抗人的溶菌酶抗体（1∶1000）作一抗进行杂交，最后用 HRP-标记的兔抗山羊 IgG（1∶2500）作二抗进行显色。从图 4-1 可以看出，山羊抗人的溶菌酶抗体可同时与人血清和斑马鱼卵子匀浆液杂交并产生特异性条带，分子质量约 15 kDa。

三、鱼类母源性溶菌酶的功能

（一）实验方法

制备大肠杆菌菌悬液（10^6个/mL）及斑马鱼卵子匀浆液。取 40 μL 斑马鱼卵子匀浆液分别加入 0 mg/mL、0.12 mg/mL、0.16 mg/mL、0.20 mg/mL、0.24 mg/mL 和 0.32 mg/mL 的溶菌酶抗体，混合均匀后在 25 ℃ 轻微振荡孵育 0.5 h，使抗体与卵子匀浆液中的溶菌酶充分结合。之后加入 2 μL 菌悬液并以无菌生理盐水将体积补至 50 μL。将此反应体系在 25 ℃轻微振荡培养 2 h。之后按第三章第二节方法统计卵子匀浆液的抑菌率。

按照同样方法，在卵子匀浆液中加入 C3 抗体（0.28 mg/mL）以抑制补体 C3 的活性进而抑制补体系统激活。另外，向卵子匀浆液中同时加入溶菌酶抗体（0.2 mg/mL）和 C3 抗体（0.28 mg/mL）以同时抑制两种免疫因子的活性，以比较溶菌酶和补体在斑马鱼胚胎抗菌过程中的相对作用并分析二者的联合作用。

（二）实验结果

溶菌酶抗体对斑马鱼卵子匀浆液溶菌活性的影响如图 4-2 所示。从图 4-2 可以看出，斑马鱼卵子匀浆液的抑菌活性与溶菌酶抗体的加入量存在一定的

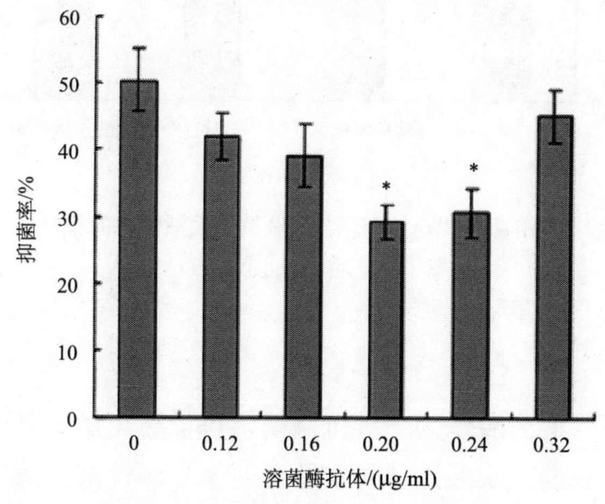

图 4-2　溶菌酶抗体对斑马鱼卵子匀浆液溶菌活性的影响

* 表示 $P<0.05$

浓度依赖效应。也就是说，随着溶菌酶抗体浓度升高，大量溶菌酶与抗体结合而失去活性，因此卵子匀浆液的抑菌活性逐渐减弱。当混合体系中溶菌酶抗体浓度为 0.20 μg/mL 时，卵子匀浆液的抑菌率最低。之后，随着溶菌酶抗体浓度继续升高，导致抗原抗体复合物的稳定性降低，因此抗体对溶菌酶活性的抑制作用降低，使部分溶菌酶在一定程度上恢复其溶菌活性，从而引起斑马鱼卵子匀浆液的抑菌活性又逐渐升高。该实验证明抑制溶菌酶活性可有效降低斑马鱼卵子匀浆液的抑菌作用，换言之，母源性溶菌酶在斑马鱼胚胎免疫中具有重要作用。

溶菌酶和补体都是斑马鱼卵子中的母源非特异性免疫因子，二者在斑马鱼胚胎溶菌活性中的相对作用见图 4-3。从图 4-3 可以看出，在斑马鱼卵子匀浆液中加入溶菌酶抗体、C3 抗体或同时加入两种抗体后抑菌率分别降至 28.6%、22.4%和 18.3%，显著低于对照组的 48.3%。另外，仅加入溶菌酶抗体和同时加入两种抗体后卵子匀浆液的溶菌活性具有显著差异，但同时加入两种抗体与仅加入 C3 抗体对卵子匀浆液的溶菌活性无显著影响。

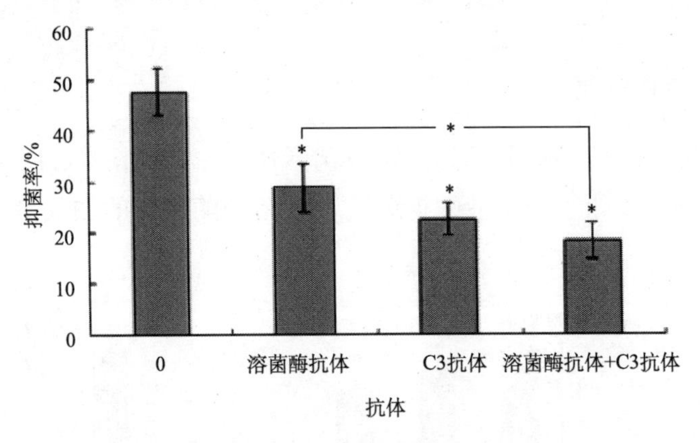

图 4-3　溶菌酶和补体在斑马鱼胚胎溶菌活性中的相对作用

* 表示 $P<0.05$

（三）讨论

有研究表明，溶菌酶作为一种抗菌酶，可以防止病原微生物从母体向子代的垂直传递。我们首次通过体外实验证明了母源性溶菌酶在鱼类胚胎的抗菌过程中具有重要作用，因为在斑马鱼卵子匀浆液中加入溶菌酶抗体使母源性溶菌酶失活后可以显著降低卵子的抑菌率。

尽管母源性溶菌酶和补体在斑马鱼胚胎抗菌过程均具有重要作用，但在卵子匀浆液中同时加入溶菌酶和 C3 抗体后，其抑菌率与仅加入 C3 抗体无明显变化，但却显著低于仅加入溶菌酶抗体，说明母源性补体的抗菌功能可能更强一些。研究发现，补体系统在细菌表面形成膜攻击复合物是溶菌酶发挥溶菌作用的先决条件，而溶菌酶的作用又可为膜攻击复合物在细菌内膜上的组装消除障碍。换言之，溶菌酶介导的溶菌活性必须依赖于补体系统，而补体系统介导的溶菌活性可以被溶菌酶加强。因此，在补体系统和溶菌酶的联合作用中，补体系统的作用可能比溶菌酶更为重要。

四、鱼类溶菌酶的个体发育

（一）实验方法

收集斑马鱼受精卵，于 3 d、7 d、14 d、21 d 和 28 d 分别取 100 个幼鱼用 1 mg/L 的 LPS 溶液浸泡处理，3 h、6 h、12 h 后分区取 10～30 个幼鱼（随个体逐渐变大，取样量随之减少），提取 RNA，用 DNase Ⅰ 消化后反转录获得 cDNA，并以此为模板进行定量 PCR 检测。溶菌酶基因和内参基因（*β-actin*）的引物序列见表 4-1，引物均由上海生物工程有限公司合成。

表 4-1 定量 PCR 中所用引物一览表

基因	上游引物（5′→3′）	下游引物（5′→3′）
β-actin	CGAGCAGGAGATGGGAACC	CAACGGAAACGCTCATTGC
溶菌酶	AGGCTGGCAGTGGTGTTTTT	CACAGCGTCCCAGTGTCTTG

定量 PCR 的反应体系同第二章第四节，反应条件如下：

94℃	10 s	1 个循环
94℃	5 s	40 个循环*
60℃	10 s	
72℃	35 s	
熔解曲线分析		

*在每个循环的延伸阶段收集荧光信号。

定量 PCR 结束后，分析溶菌酶基因的表达水平，并以对照组 3 d 幼鱼中溶菌酶的表达量做参照，$P<0.05$ 认为差异显著。

（二）实验结果

电泳检测发现，提取的总 RNA 均比较完整，经 DNase 消化去除基因组污染后进行反转录。随后，以跨内含子的 *β-actin* 引物对反转录得到的 cDNA 进行 PCR 检测，发现扩增产物单一，且大小合适（约 354 bp），说明 cDNA 质量很好，可进行定量 PCR 检测。另外，定量 PCR 的熔解曲线只有一个峰，可证明扩增的特异性。

如图 4-4 所示，在斑马鱼个体发育的早期阶段，溶菌酶基因表达水平比较稳定，维持在 1 左右，直到 28 d 时才显著升高至 2.18。LPS 处理导致 3 d 和 7 d 幼鱼中溶菌酶表达水平显著降低。在 LPS 处理的 14 d 幼鱼中，溶菌酶表达水平先降低后回升，之后再降低。21 d 幼鱼对 LPS 处理的应答模式与 14 d 幼鱼有些相似，不同之处在于，处理 6 h 后溶菌酶表达水平回升到显著高于对照组的水平，而 12 h 仅降低到与对照组相当的水平。28 d 幼鱼经 LPS 处理后，溶菌酶基因表达水平先降低后升高，而且在 6 h 达到最低。

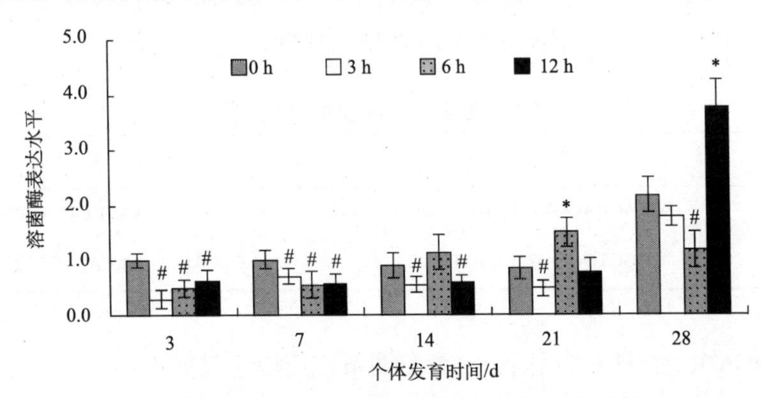

图 4-4　斑马鱼个体发育过程中溶菌酶基因的表达水平及其对 LPS 处理的应答

* 和#分别表示 LPS 处理后溶菌酶基因表达水平显著升高或降低

（三）讨论

本实验主要研究了溶菌酶基因在斑马鱼成鱼和幼鱼中的表达水平及其对 LPS 处理的应答模式。对照组斑马鱼幼鱼在 21 d 之前各发育阶段的溶菌酶基因表达水平变化不大，此后才开始迅速升高。另外，不同发育阶段的幼鱼对

LPS 处理表现出不同的应答模式，在个体发育早期（3 d 和 7 d），LPS 处理导致溶菌酶表达水平迅速降低并维持在较低水平。14 d 幼鱼受 LPS 处理后溶菌酶表达水平同样在 3 h 开始降低，但 6 h 时其表达水平有所回升，相比之下，21 d 幼鱼中溶菌酶基因在 LPS 处理 6 h 后的回升幅度更大，显著高于对照组，表明 21 d 幼鱼中溶菌酶已表现出对外界刺激作出有效应答的能力。28 d 幼鱼对 LPS 处理表现出先降低后升高的趋势，而且在 12 h 达到最高值。

补体和溶菌酶在机体免疫中具有联合作用，细菌表面补体膜攻击复合物的形成是溶菌酶发挥溶菌作用的必要条件，而溶菌酶的作用更利于膜攻击复合物在细菌内膜上的组装。我们曾发现在斑马鱼胚胎抗菌过程中，补体系统比溶菌酶发挥着更重要的作用。另外，补体系统替代途径在斑马鱼个体发育到 14 d 时可对外界刺激作出有效应答，在 28 d 则发育成熟。由此可见，斑马鱼溶菌酶个体发育过程比补体系统慢，该结果与补体系统在鱼类个体发育早期具有更重要的免疫活性一致。

第二节　鱼类母源性凝集素

一、鱼类凝集素概述

凝集素（agglutinin）是能与碳水化合物和糖蛋白结合，从而使得异源细胞或微生物发生凝集的蛋白质，是机体自然防御机制中原始的识别分子和免疫监督分子。目前，已经从草鱼、欧洲鳗鲡和虹鳟体内分离出具有凝集作用的自然凝集素。

凝集素对特异糖残基有高度亲和力，据此分将其分为对同种红细胞有凝集作用的同种凝集素（homogeneous agglutinin）和对异种红细胞有凝集作用的异种凝集素（heterogenous agglutinin）。鱼类卵中凝集素可能参与调节碳水化合物代谢、阻止多精入卵、形成受精膜、促进受精卵的有丝分裂、调理病原体及杀菌等作用。从进化角度看，鱼类虽然已可产生抗体，但仅有 IgM、IgD、和 IgZ/T，而且功能也尚未完善，凝集素的存在可能在一定程度上弥补了这方面的不足，它能有效地识别和凝集异己成分，有利于异物的清除。因此，凝集素作为防止感染性微生物侵入的第一道防线，起着重要的防御作用。

甘露糖结合凝集素（MBL）是目前研究较多的一种凝集素。鲑鱼 MBL 是报道最早的鱼类凝集素，它不仅具有抗菌活性，还能够增强巨噬细胞的吞噬活性。随后，从南亚野鲮、虹鳟、鲤鱼、河豚、大菱鲆和鲶鱼等体内纯化出了 MBL。实验证明，斑点叉尾鮰 、长鳍叉尾鮰（*Ictalurus furcatus*）两种鲶鱼的血清 MBL 具有细菌结合能力，而且其含量受爱德华氏菌的影响。另外，从斑点叉尾鮰体内克隆到了全长 *MBL* 基因。Andrew 等通过序列分析发现斑马鱼 MBL 样基因存在多个拷贝，但 Nakao 等认为具有“EPN”基序的序列才是真正的 MBL 序列。

二、鱼类母源性凝集素的发现及其功能

目前，已在虹鳟、三文鱼（*Oncorhynchus kisutch*）、金枪鱼和斑马鱼的卵中发现了母源性凝集素，在大马哈鱼和鲽鱼胚胎中则检测到了凝集素活性。其中，虹鳟胚胎中的凝集素具有鼠李糖结合活性，三文鱼胚胎中的凝集素能够特异性结合半乳糖，而斑马鱼胚胎中发现的凝集素则为 MBL。

卜令真等利用亲和层析的方法从斑马鱼早期胚胎中纯化出了 MBL，并通过实验证实了斑马鱼母源性 MBL 能够与大肠杆菌和金黄色葡萄球菌相结合，而且能够增强鲤鱼巨噬细胞的吞噬活性。他们还利用显微注射技术向斑马鱼早期胚胎注射 MBL 抗体，之后用嗜水气单胞菌感染胚胎，发现胚胎死亡率明显高于对照组，从而进一步证明了斑马鱼母源性凝集素在早期胚胎免疫中具有重要作用。

第三节　鱼类卵黄蛋白原

一、卵黄蛋白原概述

卵黄蛋白原（vitellogenin，Vg）是卵黄蛋白（yolk protein） 的前体，它特异存在于卵生雌性动物中。脊椎动物肝脏在雌激素的刺激下产生 Vg，随后 Vg 被分泌到血液中并随血液循环系统进入卵巢，被卵巢吸收后分解成卵黄脂磷蛋白（lipovitellin）和卵黄高磷蛋白（phosvitin），为胚胎和幼体生长发育提供能量与营养物质。Vg 通常只存在于雌性动物中，但是在 17β-雌二醇（17-β-estradiol，E2）的诱导下，雄性成体及未性成熟的幼体也可以表达 Vg。另一方面，在抗雌激素如它莫西芬（tamoxifen, TMX）的诱导下，雌性动物的 Vg 表达会被抑制。

二、鱼类卵黄蛋白原的发现

鱼类 Vg 最先发现于虹鳟中，其最初被定义为产生于卵巢外组织并且主要作为卵黄蛋白的前体。目前，已在多种鱼类中纯化并鉴定到了 Vg。Vg 起初被认为是特异性存在于雌性个体发育过程中，但后来发现，雄鱼在外源性 17β-雌二醇的诱导下也能合成 Vg。随着研究深入，大量实验证明，Vg 并不是雌性动物特有的蛋白质，在许多雄鱼和未成熟的雌鱼体内也存在痕量的 Vg。

三、鱼类卵黄蛋白原对子代的免疫保护作用

目前，越来越多的研究表明，Vg 除了可以为胚胎发育提供营养以外，还具有其他生物学功能。其中，免疫防御功能比较受关注。体外实验已经证明 Vg 具有识别病原相关模式分子的功能，并且具有凝血活性和抑菌活性。

例如，李磊等发现用细菌脂多糖和脂磷壁酸可诱导斑马鱼雄鱼产生 Vg，而且其表达模式具有急性时相反应的特点，是一种急性时相蛋白。他们还发现，斑马鱼 Vg 能够与大肠杆菌和金黄色葡萄球菌结合，而且诱导产生 Vg 的雄鱼受感染后死亡率明显低于对照组，说明卵黄蛋白原具有一定的免疫活性。

第五章　鱼类母源性免疫的跨代传递机制与影响因素

已知的鱼类母源性免疫因子均由亲鱼肝脏合成，之后经血液循环系统逐步在卵子中积累。目前，关于高等脊椎动物母源性 Ig 的跨代传递机制已阐述得十分清楚，而鱼类母源性免疫中仅有卵黄蛋白原的跨代传递机制基本阐明。另外，亲鱼合成母源性免疫因子的水平，以及这些母源性免疫因子跨代传递的水平均受遗传因素和许多环境因素的影响。

第一节　鱼类母源性免疫的跨代传递过程与机制

一、鱼类母源性免疫球蛋白的传递过程与机制

母体产生的抗体向卵子或胚胎转移是脊椎动物普遍存在的现象。母体供给卵子或胚胎抗体，这种被动免疫为新生命在其免疫系统发育成熟前提供免疫保护。在哺乳动物中，IgG 是唯一可以进入胚胎的 Ig；而在鸟类，能够进入卵子（特别是卵黄）的 Ig 主要是 IgY（IgG 的同源物）。另外，进入鸟类卵清的 Ig 通常不能够到达子代的血液循环系统，但能够被子代消化吸收。由于不同抗体与抗原具有不同的免疫反应机制，因此，通过不同途径进入子代的 Ig 可能具有不同的功能。母源性 IgG（或 IgY）是进入子代血液的主要 Ig，它们可能在全身感染的免疫防御中发挥作用，而通过卵清、乳汁传递给子代的其他 Ig（如 IgA、IgE 和 IgM）则可能在幼体肠道感染的免疫防御中发挥作用。

关于抗体母体传递机制的研究主要集中在鸟类（特别是鸡）和哺乳类。鸟类卵细胞的成熟过程分为两个阶段：第一阶段的持续时间较长，但卵细胞生长速度较慢；第二个阶段持续时间较短，但卵细胞生长速度较快，并开始吸收亲体血清中的蛋白质。对鸟类 Ig 母体传递动力学的研究表明，在卵细胞发育的第二阶段中，母源性 IgY 在卵子中的积累速度最快。IgY 或 IgG 的抗体受体 Fc 受体在母源性抗体的传递过程中具有重要作用，因为抗体在组织间的迁移需要 Fc 受体的参与。例如，鸡 IgY 通过卵黄囊表达的 IgY 受体被特异性

地从母体血清中转移到正在发育的卵母细胞中。人血清中 IgG 则通过合胞体滋养层表达的胎盘 Fc 受体，被选择性地转移到胎儿循环系统。

所有卵生脊椎动物中，母源性抗体的传递机制可能都具有相似性。Swain 等认为鱼类卵子内 Ig 也是通过受体介导的跨膜作用进入卵子中。不过也有人认为鱼类繁殖期的血清 Ig 含量显著升高；由于血液中 Ig 浓度高于卵泡，因此亲鱼循环系统中的 Ig 便通过血液循环而进入卵泡。鱼类只有成熟卵巢中才能检测到 Ig，因此 Ig 很可能是伴随卵黄一起进入卵母细胞。

Picchietti 等研究发现，在由雄性向雌性生殖反转的过程中，个体血清中抗体水平逐渐升高，说明抗体参与卵子发生过程并受到性别相关因子的调控，研究人员还利用蛋白 A 亲和层析法从卵中分离纯化出抗体，这些结果均说明了在生殖期间母体血清中产生的抗体向卵中的传递。Picchietti 等将纯化得到的血清抗体免疫雌性海鲷，制备抗体，利用免疫组织化学的方法揭示了囊泡细胞和卵母细胞在抗体吸收过程中的相互作用，并表明母源性抗体主要储存在卵膜的孔道结构和卵黄颗粒等处。除了蛋白质形式的抗体，编码抗体的 mRNA 在卵母细胞和卵中也存在。Olsen 等用同样的方法发现大西洋鲑的未受精卵存在母源性抗体，而且集中分布于卵膜的内表面和孔道结构处。Picchietti 等则对黑鲈（*Dicentrarchus labrax*）在生殖期中卵黄囊泡细胞中抗体向卵母细胞中的传递机制进行了深入研究。他们发现，早在前卵黄蛋白发生时期，原始的囊泡细胞就含有抗体成分。随后早期卵母细胞的孔道结构、原生质膜、外层表皮及它们外部的囊泡细胞中均有抗体成分，而且卵黄颗粒中也可检测到抗体存在。这说明在卵细胞形成过程中，抗体可以经过囊泡细胞的内吞作用，由四周向卵细胞中心传递。进入卵子的母源性 Ig 会随着胚胎或仔鱼的体液（或血液）循环从卵黄囊进入其他各个器官，逐渐被代谢消耗并在此过程中发挥识别并结合抗原的活性，从而使仔鱼保持较高的存活能力。

另外，Nakamura 等研究了一种胎生鲈形目硬骨鱼兰氏褐海鲫（*Neoditrema ransonneti*）中母-胎界面的 IgM 的分泌和吸收过程。免疫组织化学和 Western blotting 结果显示 IgM 由雌鱼卵巢中的叶状结构分泌至卵巢腔液中，而且这种 IgM 的分泌活动随着生殖进程的变化而波动。对于胎鱼，IgM 由胎鱼尾肠负责吸收进入胎鱼血液。

二、鱼类母源非特异性免疫因子的传递过程与机制

鱼类先天性免疫因子也能像 IgM 一样转移到卵内。补体是先天性免疫系统的重要组成成分，同时又在适应性免疫中发挥作用。新近发现虹鳟未受精卵内存在补体组分 C3、C4、C5、C7、Bf 和 Df。在鲤鱼、狼鱼和斑马鱼卵子内，也发现有补体中心组分 C3 存在。另外，在鲱、斜体鳊和鲽及鲈、大麻哈鱼和鳟卵子中，都存在先天性免疫分子凝集素；在鲑鱼、鲷、虹鳟和罗非鱼卵子中，存在溶菌酶。然而，关于鱼类非特异性因子由母体进入卵子，再由卵子进入仔鱼各器官的过程和机制尚缺乏研究。

目前，关于鱼类 Vg 的合成与转运机制已基本阐明（图 5-1）。Vg 合成主要受雌激素诱导，下丘脑和垂体分泌的激素经血液循环到卵泡细胞，卵泡细胞产生雌激素并分泌到血液中，经血液循环到达肝细胞，被肝细胞膜上的雌激素受体捕获，形成激素-受体复合物；结合了激素的受体构象发生变化，与 Vg 基因上雌激素受体元件结合，开启 Vg 基因，表达产生 Vg。Vg 被分泌到血液中，经循环到达卵母细胞，与卵母细胞膜上 Vg 受体结合，通过胞饮作用进入卵母细胞，然后被分解为卵黄脂磷蛋白和卵黄高磷蛋白。

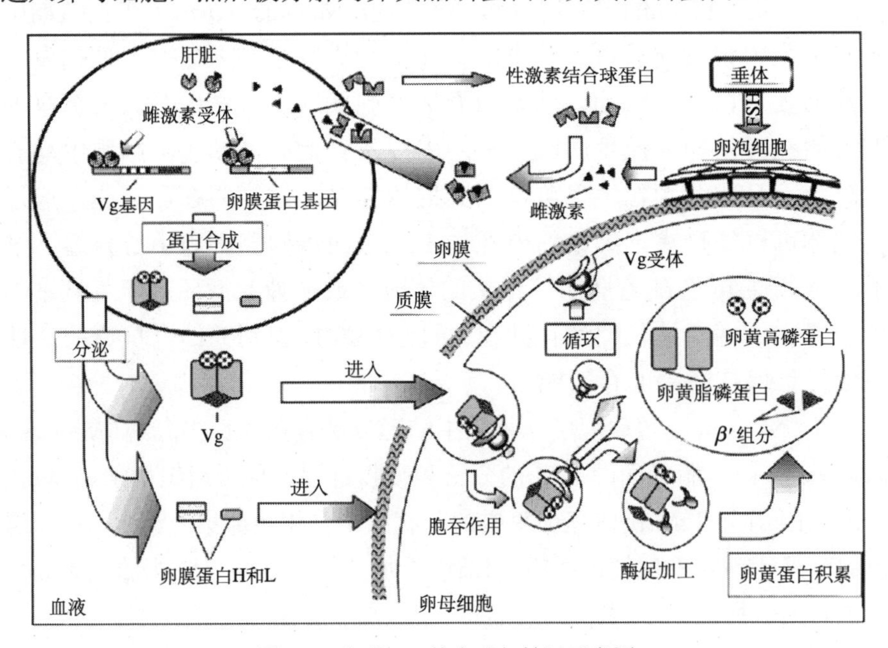

图 5-1　鱼类 Vg 的合成与转运示意图

第二节　鱼类母源性免疫跨代传递的影响因素

亲鱼的健康状况直接影响到其繁殖行为、精子和卵子的质量及育幼行为，而母源性免疫力的传递与亲鱼的健康状况密切关联，两者都受到遗传因素和环境因素如病原感染、营养、胁迫等方面的影响。

一、遗传因素

哺乳动物和鸟类的研究表明，母源性 Ig 的传递在一定程度上受遗传影响。例如，不同年龄母牛的初乳中 IgG 含量相对稳定，表明牛初乳 IgG 含量可能受遗传控制。相比之下，关于鱼类母源性 Ig 传递的遗传学研究十分有限。鱼类比哺乳动物和鸟类更加依赖于非特异性免疫。因此，关于鱼类母源性免疫的研究不能仅仅局限于特异性免疫因子 Ig，同时还需要开展非特异性免疫因子（如凝集素、溶菌酶、蛋白酶抑制剂和补体等）母体传递的遗传学研究。

二、环境因素

母源性 Ig 的传递不仅与母体的遗传差异有关，也与母体所处的环境有关。影响鱼类母源性免疫传递的环境因素主要包括胁迫状况、营养条件、水质污染、年龄和产卵季节等，现有研究主要集中在这些因素对亲鱼健康状况和免疫力的影响，相比之下，关于环境因素对母源性免疫跨代传递水平及对子代免疫力的研究还比较有限。

（一）环境胁迫

母体传递给子代的 Ig 数量和质量能够反映出母源性 Ig 传递前母体接触病原的状况，未曾接触过某种病原的母体不会向子代传递抗该病原的特异性 Ig。因此，子代对这种病原的感染也就比较敏感。例如，当鹦、鸽、家燕、家雀等的母体自然暴露于某病毒环境中时，它们会产生特异性 Ig 并传递给子代，使子代对该病毒具有较高的抗性。同样，以人工灭活的病原体（如细菌和病毒）感染亲鱼不仅能够提高其子代的特异性 Ig 含量，同时还能够提高胚胎或幼鱼的凝集活性、补体活性、蛋白酶抑制剂活性和溶菌酶活性。

（二）营养状况

营养是影响母源抗体传递的又一个重要因素。有研究发现，母源性 Ig 跨代传递的数量和质量与母体内特定营养或矿物质的可获得性密切相关。通常，哺乳动物在妊娠期的 Ig 合成水平会显著升高。若饲料中蛋白质供应不足，不仅会降低母体的 Ig 合成水平，同时也会影响子代对母源性 Ig 的吸收。对于鸟类，如鸡和金丝雀，食物中维生素 E 不足会降低母源性 Ig 向卵子的传递，而且其生活环境中的食物可获性与子代的抗体反应显著正相关。另外，与鸟类等高等脊椎动物相似，亲鱼的营养状况会影响到精子和卵子的质量，进而影响子代的健康状况。

（三）其他因素

除上述因素外，母体年龄、产卵季节和配偶质量等也会影响亲鱼的免疫力，进而影响母源性 Ig 的跨代传递。例如，年龄较小的母鸡产卵期卵巢中含 IgY 的细胞数量远远高于未成熟母鸡和年龄较大的母鸡。同样，壮年母牛所产子代的血清 IgG 含量也显著高于其他年龄段母牛所产的子代。产卵期性激素含量升高对亲鱼血浆 IgM 含量和 IgM 分泌细胞具有抑制作用。在产卵季节，伴随着性腺成熟，亲鱼对疾病的抗感染能力随之下降。至于这些环境因素在影响亲鱼免疫力的同时，对母源免疫力向子代传递有何影响，还有待于进一步研究。

第六章　鱼类母源性免疫的开发与应用

鱼类母源性免疫的发现不仅具有理论意义，同时在水产养殖中也具有潜在应用价值。许多专家学者试图通过提高母源性免疫因子的含量来提高鱼苗免疫力。然而，由于人们对鱼类母源性免疫的认识还比较有限，在很大程度上限制了母源性免疫在水产养殖中的大规模开发。

第一节　鱼类母源性免疫的应用前景

鱼类在个体发育的早期阶段很容易感染各种疾病，鱼苗培育过程中死亡率过高引起了巨大的经济损失。因此，如何提高鱼苗免疫力和成活率成为广大水产养殖工作者和育苗工作者面临的重大挑战。

免疫是提高鱼类抗感染活性的有效方法，但免疫策略的有效性主要取决于鱼类免疫系统的成熟与否及其免疫活性的高低。大多数鱼类的卵子都是体外受精，而且胚胎也是在体外发育。鱼类在胚胎和幼鱼的早期发育阶段主要依靠母源性免疫因子来抵抗各种病原微生物的攻击。加之水产养殖中一些鱼类产卵量大、卵子个体小，为大规模鱼苗免疫带来众多不便，因此应用母源免疫来提高仔鱼抗感染力就成为代替大规模鱼苗免疫的有效措施。另外，许多鱼类的胚胎和仔鱼尚不具有完整的免疫反应能力，直接对其进行免疫并不能有效提高其免疫功能，因此通过母源免疫来提高鱼苗的免疫活性更具有应用价值。这种方法通过免疫少量亲鱼就可以保护大量的鱼苗，而且可以避免因直接免疫鱼苗而对其造成损伤。

母源性母源性免疫的开发应用还可在一定程度上降低抗生素的使用强度，减少污染物在鱼体内的残留，保障水产品质量安全，同时也可降低抗生素等随养殖废水排放而引起二次污染。因此，该技术的推广能够同时兼顾到经济效益、社会效益和环境效益。

第二节　提高鱼类母源性免疫跨代传递的主要措施

母源性免疫的传递通常受遗传因素和环境要素影响，因此，养殖业中首先应选择遗传质量较高的个体作亲鱼，在此基础上通过改变环境因素来进一步提高母源性免疫向子代的传递。

一、亲鱼筛选

对哺乳动物和鸟类的研究表明，母源性抗体从亲代向子代的传递在一定程度上受遗传因素的影响。不同年龄肉牛初乳中的抗体含量相对稳定，说明牛初乳中母源性抗体的含量可能受遗传控制。亲鱼在个体间遗传各异，因此，个体差异也会影响母源性免疫的传递，尤其是亲代的健康状况直接影响其繁殖行为及精子和卵子的质量。只有健康的、抗感染力强的亲代才能将更多能量用于繁殖，子代质量也较好。因此，水产养殖中亲鱼的筛选是影响母源性免疫传递的关键因素之一，应选择健康状况良好，特别是抗感染能力较强的个体作亲鱼，以保障母源性免疫有效向鱼苗传递。

二、亲鱼免疫

动物接触某种病原微生物（如病毒或细菌）后会产生免疫应答反应，合成相应的免疫因子如抗体、凝集素、补体和溶菌酶等，以抵抗各种病原体的攻击。母体还会将这些免疫因子传递给子代，提高子代的生存能力。相比之下，若母体从未感染过某种抗原，自身通常不会合成特异性的抗体，体内特异性免疫系统对该病原的抵抗能力也较低，因此，繁殖过程中不会向子代传递这种特异性抗体，使得子代对该病原的感染比较敏感。因此，母体在生活环境中是否接触过病原，对于母源性免疫，特别是母源性抗体向子代的传递具有重要影响。

水产养殖中，对亲鱼进行免疫是促进母源性免疫向子代传递的又一个关键因素。例如，用热灭活的细菌疫苗免疫亲鱼后，其子代相应抗体的含量显著升高，长时间使抗体维持在较高水平，因此，鱼苗接触相同病原后能够迅速做出免疫应答，抗感染能力提高。另一方面，母源非特异性免疫因子也能由亲鱼传递给子代，关于非特异免疫因子的有效持续时间，以及对子代保护作用的相对大小还有待于进一步研究。

与鸟类和哺乳类等高等脊椎动物相比，鱼类更加依赖于非特异性免疫。高密度养殖环境中，非特异性条件致病菌是导致鱼苗死亡的主要原因。因此，所选免疫原应提高母源特异性和非特异性免疫因子的有效传递。为此，在免疫原筛选过程中，应重点考虑各种常见致病菌细胞壁的共同成分，以达到通过一次免疫来提高鱼苗对多种病原的抗感染能力。在此基础上，对免疫剂量、免疫时间和免疫途径等进行比较研究，筛选出最佳的免疫方案。

三、营养保障

营养条件对母源性免疫因子的合成与传递都具有重要影响。哺乳动物在妊娠期抗体合成水平显著升高，因此对特定营养或矿物质的需求量也较高。营养供给不足或食物中营养搭配不合理，会降低母源性抗体的合成水平，影响母源性抗体向子代传递的数量和质量。例如，食物中蛋白质含量过低，母体内抗体的合成水平显著降低，甚至会影响到胚胎对母源性抗体的吸收。同样，维生素 E 供应不足，也会导致母体传递给子代的抗体数量降低。综上，亲代食物的可获性与其子代中抗体反应水平呈显著正相关。

与高等脊椎动物相似，亲鱼的营养状况也影响精子和卵子的质量及子代健康状况。许多研究表明，蛋白质、维生素、脂肪和脂肪酸是亲鱼的重要营养素，其组成和含量及投喂方式对亲鱼的产卵量、受精（配子质量）、胚胎发育和仔鱼的存活等均具有显著影响。值得注意的是，不同鱼类对各种营养素组成和含量的需求各不相同，必须开展相关研究来阐明不同鱼类亲鱼的最佳营养需求。关于亲鱼营养条件对母源性免疫因子垂直传递的影响还缺乏系统研究。

四、其他措施

在利用母源性免疫提高鱼苗质量的过程中，还必须注意其他因素，如亲体的年龄、性成熟状况、环境胁迫（如拥挤、水质污染等）、产卵季节（特别是光照和温度的季节性差异）和配偶质量等。这些非营养因素在一定程度上也会影响到母源性免疫的传递。有研究表明，虹鳟在繁殖季节随着性激素含量升高，亲鱼血浆内抗体分泌细胞的数量和抗体含量均有所降低。褐鳟（*Salmo trutta*）在性腺成熟过程中，亲鱼抗感染能力逐步下降，其原因可能是亲鱼将更多的物质和能量用于繁殖。

因此，育苗过程中一定要保证良好亲鱼养殖环境，特别是温度、光照、溶解氧、流速、鱼巢及水质等。然而，这些环境因素在影响亲鱼免疫力的同时，对母源免疫力向子代传递的影响，还有待于进一步研究。

第三节　鱼类母源性免疫的研究趋势

鱼类是脊椎动物中特异性免疫发育程度最低的纲，其非特异性免疫比高等脊椎动物更发达，在机体免疫中发挥的作用也更强大。事实上，当鱼类受到病原体攻击时，往往在特异性抗体产生之前，非特异性免疫因子已开始发挥作用，甚至已经将病原体清除掉了。而高密度养殖环境中，非特异性的条件致病菌是导致鱼苗死亡的主要原因。但是，目前渔业养殖中人们更重视抗体对于提高胚胎抗感染能力的作用，而关于非特异性体液免疫因子的作用却较少关注，在鱼类母源性免疫的研究中也是如此。由于特异性抗体只能针对某种或某类病原体发挥作用，其作用范围比非特异性免疫因子要小得多。因此，关于鱼类母源性免疫的应用应更加重视提高非特异性免疫因子。我国养殖鱼类繁多，但有关鱼类母源性免疫的资料非常缺乏，亟待开展这方面的研究工作。对此，今后应重点开展以下几方面的工作。

（1）必须对鱼类胚胎和仔鱼中母源性免疫因子的传递和功能进行深入研究，确定这些免疫因子的跨代传递机制、传递效率及其对子代的相对保护作用。

（2）不同物种的免疫系统有所差异，同一免疫措施对不同鱼类的作用效果也不尽相同。即使是同一种鱼类，最佳免疫时期也与免疫刺激物的种类有关。因此，必须研究确定适宜特定鱼类的免疫措施，主要包括免疫刺激物的种类、剂量、免疫时间和次数等。

（3）鱼苗免疫系统成熟前对其进行免疫并不能有效提高其免疫功能。因此，必须研究鱼类免疫系统的个体发育和成熟过程，在此基础上进一步确定母源免疫力的有效作用时间能否持续到鱼苗自身免疫系统的成熟，这将直接关系到母源免疫在水产养殖中的实际应用价值。

主要参考文献

金伯泉. 2001. 细胞和分子免疫学. 北京：科学出版社

刘晓玲, 陶伟, 高云飞, 等. 2001.甲藻染色体在非细胞体系核重建过程中核小体的组装. 植物学报, 43 (12) :1224-1228

王长法. 2005.文昌鱼体液和鱼类血清补体溶血系统比较研究. 青岛：中国海洋大学博士研究生学位论文

邹雄, 张利宁. 2003.分子免疫学与临床. 济南：山东科学技术出版社

Abelseth T K, Stensvag K, Espelid S, et al. 2003. The spotted wolffish *(Anarhichas minor* Olafsen) complement component C3: isolation, characterisation and tissue distribution. Fish Shellfish Immunol, 15: 13-27

Ai Q, Mai K, Tan B, et al. 2006. Effects of dietary vitamin C on survival, growth, and immunity of large yellow croaker, *Pseudosciaena crocea*. Aquaculture, 261: 327-336

Amaro C, Fouz B, Biosca E G, et al. 1997. The lipopolysaccharide O side chain of *Vibrio vulnificus* serogroup E is a virulence determinant for eels. Infection and Immunity, 65: 2475-2479

Anastasios D P, Ioannis K Z. 2006. Cloning and phylogenetic analysis of the alpha subunit of the eighth complement component (C8) in rainbow trout. Molecular Immunology, 43: 2188-2194

Anastasios D P, Ioannis K Z. 2006. The gamma subunit of the eighth complement component (C8) in rainbow trout. Developmental and Comparative Immunology, 30: 485-491

Anbarasu K, Chandran M R. 2001. Effect of ascorbic acid on the immune response of the catfish, *Mystus gulio* (Hamilton), to different bacterins of *Aeromonas hydrophila*. Fish shellfish immunology, 11: 347-355

Anderson D J, Abbott A F, Jack R M. 1993. The role of complement component C3b and its receptors in sperm–oocyte interaction. Proc Natl Acad Sci USA, 90: 10051-10055

Andrades J A, Nimni M E, Becerra J, et al. 1996. Complement proteins are present in developing endochondral bone and may mediate cartilage cell death and vascularization. Exp Cell Res, 227: 208-213

Anstee D J, Holt P H, Pardoe G I. 1973. Agglutinins from fish ova defining blood groups B and P. Vox Sang, 25:347-360

Arason G H. 1996. Lectins as defence molecules in vertebrates and invertebrates. Fish Shellfish

Immunol, 6: 277-289

Baintner K. 2007. Transmission of antibodies from mother to young: evolutionary strategies in a proteolytic environment. Veterinary Immunology and Immunopathology, 117: 153-161

Barnes A C, Ellis A E. 2004. Role of capsule in serotypic differences and complement fixation by lactococcus garvieae. Fish Shellfish Immunol, 16: 207-214

Barua A, Yoshimura Y, Tamura T. 1998. Effects of ageing and oestrogen on the localization of immunoglobulin-containing cells in the chicken ovary. J Reprod Fertil, 114:11-16

Bayne C J, Gerwick L, Fujiki K, et al. 2001. Immune-relevant (including acute phase) genes identified in the livers of rainbow trout, *Oncorhynchus mykiss*, by means of suppression subtractive hybridization. Developmental and Comparative Immunology, 25: 205-217

Bencina D, Narat M, Bidovec A, et al. 2005. Transfer of maternal immunoglobulins and antibodies to *Mycoplasma gallisepticum* and *Mycoplasma synoviae* to the allantoic and amniotic fluid of chicken embryos. Avian Pathol, 34: 463-472

Bildfell R J, Markham R J, Johnson G R. 1992. Purification and characterization of a rainbow trout egg lectin. J Aquat Anim Health, 4: 97-105

Bingulac-Popovic J, Figueroa F, Sato A, et al. 1997. Mapping of MHC class Ⅰ and Class Ⅱ regions to different linkage groups in the zebrafish, *Danio rerio*. Immunogenetics, 46:129-134

Birmingham D J. 1995. Erythrocyte complement receptors. Critical Reviews in Immunology, 15: 133-154

Blecha F, Bull R C, Olson D P, et al. 1981. Effects of prepartum protein restriction in the beef cow on immunoglobin content in blood and colostral whey and subsequent immunoglobin absorption by the neonatal calf. J Anim Sci, 53: 1174-1180

Bly J E, Grimm A S, Morris I G. 1986. Trasfer of passive immunity from mother to young in a eleost fish: haemagglutinating activity in the serum and eggs of plaice, *Pleuronectes platessa* L. Comp Biochem Physiol A, 84: 309-313

Boa-Amponsem K, Dunnington E A ,Siegel P B. 1997. Antibody transmitting ability of hens from lines of chickens differing in response to SRBC antigen. Br Poultry Sci, 38: 480-484

Boesen H T, Larsen J L, Ellis A E. 1999. Bactericidal activity by sub-agglutinating levels of rainbow trout（*Oncorhynchus mykiss*) antiserum to *Vibrio anguillarum* serogroup O1. Fish Shellfish Immunol, 9: 633-636

Bohana-Kashtan O, Ziporen L, Donin N, et al. 2004. Cell signals transduced by complement. Mol Immunol, 41: 583-597

Bollen L S, Hau J. 1997. Immunoglobulin G in the developing oocytes of the domestic hen and immunospecific antibody response in serum and corresponding egg yolk. *In Vivo,* 11: 395-398

Boshra H, Bosch N, Sunyer J O. 2001. Purification, generation of antibodies and functional characterization of trout C3-1, C3-3, C3-4, C4-1, C4-2, C5, factor B and factor D complement molecules. In *Proceedings of the 5th Nordic Symposium on Fish Immunology*, Sundvollen: Norway

Boshra H, Gelman A E, Sunyer J O. 2004. Structural and functional characterization of complement C4 and C1s-like molecules in teleost fish: insights into the evolution of classical and alternative pathways. J Immunol, 173: 349-359

Boshra H, Li J, Peters R, et al. 2004. Cloning, expression, cellular distribution, and role in chemotaxis of a C5a receptor in rainbow trout: the first identification of a C5a receptor in a nonmammalian species. J Immunol, 172: 4381-4389

Boshra H, Li J, Sunyer J O. 2006. Recent advances on the complement system of teleost fish. Fish & Shellfish Immunology, 20: 239-262

Boshra H, Wang T, Hove-Madsen L, et al. 2005. Characterization of a C3a receptor in rainbow trout and *Xenopus*: the first identification of C3a receptors in nonmammalian species. J Immunol, 175: 2427-2437

Boulinier T, Staszewski V. 2008. Maternal transfer of antibodies: raising immuno-ecology issues. Trends in Ecology and Evolution, 23: 282-288

Bradford M M. 1976. A rapid and sensitive method for the quantitation of microgram quantities of protein utilising the principle of protein dye binding. Anal Biochem, 72: 248-254

Bradley J A, Niilo L , Dorward W J. 1979. Some observations on serum gammaglobulin concentrations in suckled beef calves. Can Vet J, 20: 227-232

Brambell F W R. 1970. Transmission of immunity in birds. In *The transmission of passive immunity from mother to young* (ed. Neuberger A. & Tatum E L). New York: Elsevier

Breuil G, Vassiloglou B, Pepin J F, et al. 1997. Ontogeny of IgM-bearing cells and changes in the immunoglobulin M-like protein level (IgM) during larval stages in sea bass (*Dicentrarchus labrax*). Fish Shellfish Immunol, 7: 29-43

Brown J, Resurreccion R S, Dickson T G,et al. 1989. The relationship of egg yolk and serum antibody. Ⅰ. Infectious bursal disease virus. Avian Dis, 33: 654-656

Brown L L, Evelyn T P T, Iwama G K. 1997. Specific protective activity demonstrated in eggs of broodstock salmon injected with rabbit antibodies raised against a fish pathogen. Dis Aquat Org,

31: 95-101

Buechler K, Fitze P S, Gottstein B, et al. 2002. Parasite-induced maternal response in a natural bird population. J Anim Ecol, 71: 247-252

Bumstead N, Reece R L, Cook J K A. 1993. Genetic differences in susceptibility of chicken lines to infection with infectious bursal disease virus. Poultry Sci, 72: 403-410

Carroll M C, Campbell R D, Bentley D R, et al. 1984. A molecular map of the human major histocompatibility complex class Ⅲ region linking complement genes C4, C2 and factor B. Nature, 307: 237-241

Castillo A, Sanchez C, Dominguez J, et al. 1993. Ontogeny of IgM and IgM-bearing cells in rainbow trout. Dev Comp Immunol, 17: 419-424

Cerny J, Cronkhite R, Heusser C. 1983. Antibody response of mice following neonatal treatment with a monoclonal anti-receptor antibody. Evidence for B cell tolerance and T suppressor cells specific for different idiotopic determinants. Eur J Immunol, 13: 244-248

Chen J Y, Chen J C, Wu J I. 2003. Molecular cloning and functional analysis of high density lipoprotein binding protein. Comp Biochem Physiol B Biochem Mol Biol, 36: 117-130

Choi J H, Park P J, Kim S K. 2002. Purification and characterization of a trypsin inhibitor from the egg of skipjack tuna *Katsuwonus pelamis*. Fish Sci, 68:1367-1373

Chondrou M P, Mastellos D, Zarkadis I K. 2006. cDNA cloning and phylogenetic analysis of the sixth complement component in rainbow trout. Mol Immunol, 43: 108

Chrast R, Verheijen M H G, Lemke G. 2004. Complement factors in adult peripheral nerve: a potential role in energy metabolism. Neurochem Int, 45: 353-359

Claire M, Holland H, Lambris J D. 2002. The complement system in teleosts. Fish and Shellfish Immunology, 12:399-420

Cooper N R, Nemerow G R. 1989. Complement and infectious agents: a tale of disguise and deception. Complement and Inflammation, 6: 249-258

Coutinho A, Marquez C, Araujo P M F, et al. 1987. A functional idiotypic network of T helper cells and antibodies, limited to the compartment of 'naturally' activated lymphocytes in normal mice. Eur J Immunol, 17: 821-825

Crawford D L, Oleksiak M F, Kolell K J, et al. 2004. Fundulus functional genomics: EST database for teleost fish. Unpublished results (GenBank accession number CN981576)

Dahmen A, Kaidoh T, Zipfel P F, et al. 1994. Cloning and characterization of a cDNA representing a putative complement regulatory plasma protein from barred sand bass (*Parablax neblifer*).

Biochem J, 301: 391-397

Dardillat J, Trillat G, Larvor P. 1978. Colostrum immunoglobulin concentration in cows: relationship with their calf mortality and with the colostrum quality of their female offspring.Annls Rech Vet, 9: 375-384

Del Rio-Tsonis K, Tsonis P A, Zarkadis I K, et al. 1998. Expression of the third component of complement, C3, in regenerating limb blastema cells of urodeles. J Immunol, 161: 6819-6824

Desowitz R S. 1971. Plasmodium berghei: enhanced protective immunity after vaccination of white rats of immune mothers. Science, 172: 1151-1152

Diaz-Rosales P, Salinas I, Rodriguez A, et al. 2006. Gilthead seabream (*Sparus aurata* L.) innate immune response after dietary administration of heat-inactivated potential probiotics. Fish Shellfish Immunol, 20: 482-492

Dodds A W, Matsushita M. 2007. The phylogeny of the complement system and the origins of the classical pathway. Immunobiology, 212: 233-243

Dodds A W, Smith S L, Levine R P, et al. 1998. Isolation and initial characterisation of complement components C3 and C4 of the nurse shark and the channel catfish. Dev Comp Immunol, 22: 207-216

Ehrlich P. 1892. Ueber imrnunität durch vererbung und säugung. Z Hyg lnfectkt Krankh, 2: 183-203

Ekdahl K N, Norberg D, Bengtsson A A, et al. 2007. Use of serum or buffer-changed EDTA-plasma in a rapid, inexpensive, and easy-to-perform hemolytic complement assay for differential diagnosis of systemic lupus erythematosus and monitoring of patients with the disease. Clin Vaccine Immunol, 14: 549-555

Ellingsen T, Strand C, Monsen E, et al. 2005.The ontogeny of complement component C3 in the spotted wolfish (*Anarhichas minor Olafsen*). Fish Shellfish Immunol, 18: 351-358

Elliott M, Kearney J F. 1992. Idiotypic regulation of development of the B-cell repertoire. Ann NY Acad Sci, 651: 336-345

Ellis A E. 1988. Ontogeny of the immune system in teleost fish. In: Ellis AE, editor. *Fish Vaccination*. London: Academic Press

Ellis A E. 2001. Innate host defense mechanisms of fish against viruses and bacteria. Dev Comp Immunol, 25: 827-839

Endo Y, Takahashi M, Fujita T. 2006. Lectin complement system and pattern recognition. Immunobiology, 211: 283-293

Endo Y, Takahashi M, Nakao M, et al. 1998. Two lineages of mannose-binding lectin-associated serine protease (MASP) in vertebrates. The Journal of Immunology, 161: 4924-4930

Franchini S, Zarkadis I K, Sfyroera G, et al. 2001. Cloning and purification of the rainbow trout fifth component of complement (C5). Dev Comp Immuno, 25: 419-430

Fuda H, Hara A, Yamazaki F, et al. 1992. A peculiar immunoglobulin M (IgM) identified in eggs of chum salmon (*Oncorhynchus keta*). Dev Comp Immunol, 16: 415-423

Fujiki K, Liu L, Sundick R S, et al. 2003. Molecular cloning and characterization of rainbow trout (*Oncorhynchus mykiss*) C5a anaphylatoxin receptor. Immunogenetics, 55: 640-647

Fujiki K, Shin D H, Nakao M, et a1. l999. Molecular cloning of carp (*Cyprinus carpio*) CC chemokine, CXC chemokine receptors，allograft inflammatory factor-I and natural killer cell enhancing factor by use of suppression subtractive hybridization. Immunogenetics, 49: 909-914

Gasparini J, McCoy K D, Haussy C, et al. 2001. Induced maternal response to the Lyme disease spirochaete *Borrelia burgdorferi sensu lato* in a colonial seabird, the kittiwake *Rissa tridactyla*. Proc R Soc Lond B, 268: 647-650

Gasparini J, McCoy K D, Tveraa T, et al. 2002. Related concentrations of specific irnmunoglobulins against the Lyme disease agent *Borelia burgdorferi sensu lato* in eggs, young and adults of the kittiwake (*Rissa tridactyla*). Ecol Lett, 5: 519-524

Gasque P. 2004. Complement: a unique innate immune sensor for danger signals. Mol Immunol, 41:1089-1095

Gebhardt-Henrich S, Richner H. 1998. Causes of growth variation and its consequences for fitness. In *Avian growth and development: evolution within the altricial–precocial spectrum* (ed. J. Starck & R. Ricklefs). New York: Oxford University Press

Giclas P C, Morrison D C, Curry B J, et al. 1981. The serum complement system of the albacore tuna, *Thunnus alalunga*. Comp Immunol, 5: 437-447

Goddard R D, Wyeth P J, Varney W C. 1994. Vaccination of commercial layer chicks against infectious bursal disease with maternally derived antibodies. Vet Rec, 135: 273-274

Gongora R, Figuema F, K1ein J. l998. Independent duplications of Bf and C3 complement genes in the zebrafish. Scand J Immunol, 48: 65l-658

Gonzalez S F, Buchmann K, Nielsen M E. 2007. Complement expression in common carp (*Cyprinus carpio* L.) during infection with *Ichthyophthirius multifiliis*. Developmental and Comparative Immunology, 31:576-586

Graczyk T K, Cranfield M R, Shaw M L, et al. 1994. Maternal antibodies against *Plasmodium* spp. in African black-footed penguin (*Spheniscus demersus*). J Wildl Dis, 30: 365-371

Griffin B R. 1983. Opsonic effect of rainbow trout (*Salmo gairdneri*) antibody on phagocytosis of *Yersinia ruckeri* by trout leukocytes. Dev Com Immunol, 7: 253-255

Griffin B R. 1984. Random and directed migration of trout (*Salmo gairdneri*) leukocytes: activation by antibody, complement, and normal serum components. Dev Comp Immunol, 8: 589-597

Grindstaff J L, Brodie E D, Ketterson E D. 2003. Immune function across generations: integrating, mechanism and evolutionary process in maternal antibody transmission.Proc R Soc Lond B, 270: 2309-2319

Gustafsson E, Mattsson A, Holmdahl R, et al. 1994. Pregnancy in B-cell-deficient mice: postpartum transfer of immunoglobulins prevents neonatal runting and death. Biol Reprod, 51:1173-1180

Hajnik C A, Goetz F W, Hsu S Y, et al. 1998. Characterization of a ribonucleic acid transcript from the brook trout (*Salvelinus fontinalis*) ovary with structural similarities to mammalian adipsin/complement factor D and tissue kallikrein, and the effects of kallikrein-like serine proteases on follicle contraction. Biol Reprod, 58: 887-897

Hamal K R, Burgess S C, Pevzner I Y, et al. 2006. Maternal antibodies transfer from dams to their egg yolks, egg whites, and chicks in meat lines of chickens. Poult Sci, 85: 1364-1372

Hanif A, Bakopoulos V, Dimitriadis G J. 2004. Maternal transfer of humoral specific and non-specific immune parameters to sea bream (*Sparus aurata*) larvae. Fish & Shellfish Immunology, 17: 411-435

Hansen J D, Strassburger P, Thorgaard G H, et al. 1999. Expression, linkage, and polymorphism of MHC-related genes in rainbow trout, *Onchorhynchus mykiss*. The Journal of Immunology, 163: 774-786

Hansen J D, Zapata A G. 1998. Lymphocytes development in fish and amphibians. Immunol Rev, 166: 199-220

Hasty L A, Lambris J D, Lessey B A, et al. 1994. Hormonal regulation of complement components and receptors throughout the menstrual cycle. Am J Obstet Gynecol, 170: 168-175

Heidi B T H, Cláudia P O G, Anja J T T, et al. 2006. Carp (*Cyprinus carpio* L.) innate immune factors are present before hatching. Fish & Shellfish Immunology, 20: 586-596

Heller E D, Leitner G, Drabkin N, et al. 1990. Passive immunization of chicks against *Escherichia coli*. Avian Pathol, 19: 345-354

Herbomel P, Thisse B,Thisse C. 1999. Ontogeny and behaviour of early macrophages in the zebrafish embryo. Development, 126: 3735-3745

Hoi-Leitner M, Romero-Pujante M, Hoi H, et al. 2001. Food availability and immune capacity in serin (*Serinus serinus*) nestlings. Behav Ecol Sociobiol, 49: 333-339

Holbech H, Andersen L, Petersen G I, et al. 2001. Development of an ELISA for vitellogenin in whole body homogenate of zebrafish (*Danio rerio*). Comp Biochem Physiol C Toxicol Pharmacol, 130: 119-131

Holland M C H, Lambris J D. 2002. The complement system in teleosts. Fish Shellfish Immunol, 12: 399-420

Holland M C, Lambris J D. 2004. A functional C5a anaphylatoxin receptor in a teleost species. J Immunol, 172: 349-358

Huang C, Song Y. 1999. Maternal transmission of immunity to white-spot syndrome associated virus (WSSV) in shrimp (*Penaeus monodon*). Devl Comp Immunol, 23: 545-552

Huttenhuis H B T, Grou C P O, Taverne-Thiele A J, et al. 2006. Carp (*Cyprinus carpio* L.) innate immune factors are present before hatching. Fish & Shellfish Immunology, 20: 586-596

Huttenhuis H B T, Taverne-Thiele A J, Grou C P, et al. 2006. Ontogeny of the common carp (*Cyprinus carpio* L.) innate immune system. Dev Comp Immunol, 30: 557-574

Iida T, Wakabayashi H. 1988. Chemotactic and leukocytosis-inducing activities of eel complement. Fish Pathology, 23: 55-58

Iida T, Wakabayashi H. 1993. Resistance of *Edwardsiella tarda* to opsonophagocytosis of eel neutrophils. Fish Pathology, 28: 191-192

Ingram G A. 1987. Haemolytic activity in the serum of brown trout, *Salmon truttal*. Journal of Fish biology, 31: 9-17

Ismail J, Brait M, Leo O, et al. 1995. Assessment of a functional role of auto-anti-idiotypes in idiotypic dominance. Eur J Immunol, 25: 830-837

Jackson D W, Law G R, Nockels C F. 1978. Maternal vitamin E alters passively acquired immunity of chicks. Poultry Sci, 57:70-73

Jenkins J A, Ourth D D. 1990. Membrane damage to *E. coli* and bactericidal kinetics by the alternative complement pathway of channel catfish. Comparative Biochemistry and Physiology B, 97: 477-481

Jenkins J A, Ourth D D. 1993. Opsonic effect of the alternative complement pathway on channel catfish peripheral blood phagocytes. Veterinary Immunology and Immunopathology, 39: 447-459

Jung W K, Park P J, Kim S K. 2003. Purification and characterization of a new lectin from the hard roe of skipjack tuna, *Katsuwonus pelamis*. Int J Biochem Cell Biol, 35: 255-265

Katagiri T, Hirono I, Aoki T. 1998. Molecular analysis of complement regulatory protein-like cDNA from the Japanese flounder (*Paralabrax nebulifer*). Fish Science, 64: 140-143

Katagiri T, Hirono I, Aoki T. Complement component genes of Japanese flounder (*Paralabrax nebulifer*). Plant & Animal Genome Ⅷ Conference, Town & Country Hotel, San Diego, CA, January, 2000-2012

Katagiri T, Hirono I, Aoki T. 1998. Molecular analysis of complement regulatory protein-like cDNA composed of tandem SCRs from the Japanese flounder (*Paralabrax nebulifer*). Fish Pathology, 3351-3355

Kato Y, Nakao M, Mutsuro J, et al. 2003. The complement component C5 of the common carp (*Cyprinus carpio*): cDNA cloning of two distinct isotypes that differ in a functional site. Immunogenetics, 54: 807-815

Kaufman J, Milne S, Gobel T W, et al. 1999. The chicken B locus is a minimal essential major histocompatibility complex. Nature, 401: 923-925

Keegan B R, Feldman J L, Lee D H, et al. 2002. The elongation factors Pandora/Spt6 and Foggy/Spt5 promote transcription in the zebrafish embryo. Development, 129: 1623-1632

Keller L F, van Noordwijk A J. 1993. A method to isolate environmental effects on nestling growth, illustrated with examples from the great tit (*Parus major*). Funct Ecol, 7: 493-502

Kemper C, Zipfel P F, Gigli I. 1998. The complement cofactor proptein (SBP1) form the overlapping regulatory activities of both human C4b binding protein and factor H. J Biol Chem, 273: 19398-19404

Kerekes K, Cooper P D, Prechl J, et al. 2001. Adjuvant effect of gamma-inulin is mediated by C3 fragments deposited on antigen-presenting cells. J Leukoc Biol, 69: 69-74

Kimura Y, Madhavan M, Call M K, et al. 2003. Expression of complement 3 and complement 5 in newt limb and lens regeneration. J Immunol, 170: 2331-2339

Kissling R E, Eidson M E, Stamm D D. 1954. Transfer of maternal neutralizing antibodies against eastern equine encephalomyelitis virus in birds. J Infect Dis, 95: 179-181

Klasing K C. 1998. Nutritional modulation of resistance to infectious diseases. Poultry Sci, 77:1119-1125

Klemperer F. 1893. über natürliche immunität und ihre verwerthung für die immunisierungstherapie. Arch Exp Path Pharmak, 31: 356-382

Kocabas A M, Li P, Cao D, et al. 2002. Expression profile of the channel catfish spleen: analysis of genes involved in immune functions. Mar Biotechnol, 4: 526-536

Kowalczyk K, Daiss J, Halpern J, et al. 1985. Quantitation of maternal-fetal IgG transport in the chicken. Immunology, 54: 755-762

Krushkal J, Kemper C, Gigli I. 1998. Ancient origin of human complement factor H. J Mol Evol, 47: 625-630

Kumari J, Sahoo P K. 2005. Effects of cyclophosphamide on the immune system and disease resistance of Asian catfish *Clarias batrachus*. Fish Shellfish Immunol, 19: 307-316

Kurobe T, Yasuike M, Kimura T, et al. 2005. Expression profiling of immune-related genes from Japanese flounder *Paralichthys olivaceus* kidney cells using cDNA microarrays. Developmental and Comparative Immunology, 29: 515-523

Kuroda N, Naruse K, Shima A, et al. 2000. Molecular cloning and linkage analysis of complement C3 and C4 genes of the Japanese medakafish. Immunogenetics, 51: 117-128

Kuroda N, Wada H, Naruse K, et al. 1996. Molecular cloning and linkage analysis of the Japanese medaka fish complement Bf/C2 gene. Immunogenetics, 44: 459-467

Kusada R, Tanaka T.1988. Opsonic effect of antibody and complement on phagocytosis of *Streptococcus* sp. by macrophage-like cells of yellowtail. Nippon Suisan Gakkaishi, 54: 2065-2069

Lambris J D, Lao Z, Pang J, et al. 1993. Third component of trout complement, cDNA cloning and conservation of functional sites. The Journal of Immunology, 151: 6123-6134

Lambris J D. 1990. *The Third Component of Complement: Chemistry and Biology*. Springer-Verlag

Lammens M, Decostere A, Haesebrouck F. 2000. Effects of *Flavobacterium psychrophilum* strains and their metabolites on the oxidative activity of rainbow trout *Oncorhynchus mykiss* phagocytes. Diseases of Aquatic Organisms, 41: 173-179

Lange H, Kiesch B, Linden I, et al. 2002. Reversal of the adult IgE high responder phenotype in mice by maternally transferred allergen-specific monoclonal IgG antibodies during a sensitive period in early ontogeny. Eur J Immunol, 32: 3133-3141

Lange H, Kobarg J, Yazynin S, et al. 1999. Genetic analysis of the maternally induced affinity enhancement in the non-Ox1 idiotypic antibody repertoire of the primary immune response to 2-phenyloxazolone. Scand J Immunol, 49: 55-66

Lange S, Bambir S H, Dodds A W, et al. 2006. Complement component C3 transcription in Atlantic halibut (*Hippoglossus hippoglossus* L.) larvae. Fish Shellfish Immunology, 20: 285-294

Lange S, Bambir S, Dodds A W, et al. 2004. An immunohistochemical study on complement component C3 in juvenile Atlantic halibut (*Hippoglossus hippoglossus* L.). Dev Comp Immunol,

28: 593-601

Lange S, Bambir S, Dodds A W, et al. 2004. The ontogeny of complement component C3 in Atlantic cod (*Gadus morhua* L.)—an immunohistochemical study. Fish Shellfish Immunol, 16: 359-367

Lange S, Dodds A W, Gudmundsdóttir S,et al. 2005. The ontogenic transcription of complement component C3 and Apolipoprotein A-I tRNA in Atlantic cod (*Gadus morhua L.*)—a role in development and homeostasis? Dev Comp Immunol, 29:1065-1077

Laufer J, Katz Y, Passwell J H. 2001. Extra-hepatic synthesis of complement proteins in inflammation. Mol Immunol, 38: 221-229

Lee Y, Haas K M, Gor D O. 2005. Complement component C3d-antigen complexes can either augment or inhibit B lymphocyte activation and humoral immunity in mice depending on the degree of CD21/CD19 complex engagement. J Immunol, 175: 8011-8023

Leitner G, Melamed D, Drabkin N,et al. 1990. An enzyme-linked immunoabsorbent assay for detection of antibodies against *Escherichia coli*: association between hemagglutination test and survival. Avian Dis, 34: 58-62

Leivo I, Engvall E.1986. C3d fragment of complement interacts with laminin and binds basement membranes of glomerulus and trophoblast. J Cell Biol, 103: 1091-1100

Lemke H, Hansen H, Lange H. 2003. Non-genetic inheritable potential of maternal antibodies. Vaccine, 21: 3428-3431

Lemke H, Lange H, Berek C. 1994. Maternal immunization modulates the primary immune response to 2-phenyl-oxazolone in BLAB/c mice. Eur J Immunol, 24: 3025-3030

Lemke H, Lange H. 1999. Is there a maternally induced immunological imprinting phase a la Konrad Lorenz? Scand J Immunol, 50: 348-354

Liang Y J, Zhang S C, Wang Z P. 2009. Alternative complement activity in the egg cytosol of amphioxus *Branchiostoma belcheri*: evidence for defense role of maternal complement components. PLOS ONE, 4: e4234

Lieschke G J, Oates A C, Crowhurst M O, et al. 2001. Morphologic and functional characterization of granulocytes and macrophages in embryonic and adult zebrafish. Blood, 98: 3087-3096

Lillehaug A, Sevatdal S, Endal T. 1996. Passive transfer of specific maternal immunity does not protect Atlantic salmon (*Salmo salar* L.) fry against yersiniosis. Fish Shellfish Immunology, 6: 521-535

Lin B, Chen S, Cao Z, et al. 2007. Acute phase response in zebrafish upon *Aeromonas salmonicida* and *Staphylococcus aureus* infection: Striking similarities and obvious differences with mammals. Molecular Immunology, 44: 295-301

Llanos R J, Whitacre C M, Miceli D C. 2000. Potential involvement of C3 complement factor in amphibian fertilization. Comp Biochem Physiol A, 127: 29-38

Lochmiller R L, Dabbert C B. 1993. Immunocompetence, environmental stress, and the regulation of animal populations. Trends Comp Biochem Physiol, 1: 823-855

Lochmiller R L, Deerenberg C. 2000. Trade-offs in evolutionary immunology: just what is the cost of immunity. Oikos, 88: 87-98

Lorenzen N, Olesen N J, Koch C. 1999. Immunity to VHS virus in rainbow trout. Aquaculture, 172: 41-61

Løvoll M, Johnsen H, Boshra H, et al. 2007.The ontogeny and extrahepatic expression of complement factor C3 in Atlantic salmon (*Salmo salar*). Fish & Shellfish Immunology, 23: 542-552

Løvoll M, Kilvik T, Boshra H,et al. 2006. Maternal transfer of complement components C3-1, C3-3, C3-4, C4, C5, C7, Bf and Df to offspring in rainbow trout (*Oncorhynchus mykiss*). Immunogenetics, 58: 168-179

Lundin B S, Dahlman-Hoglund A, Pettersson I, et al. 1999. Antibodies given orally in the neonatal period can affect the immune response for two generations: evidence for active maternal influence on the newborn's immune system. Scand J Immunol, 50: 651-656

Mack C, Jungermann K, Gotze O, et al. 2001. Anaphylatoxin C5a actions in rat liver: synergistic enhancement by C5a of lipopolysaccharide-dependent α(2)-macroglobulin gene expression in hepatocytes via IL-6 release from Kupffer cells. J Immunol, 167: 3972-3979

Maeda T, Abe M, Kurisu K, et al. 2001. Molecular cloning and characterization of a novel gene, CORS26, encoding a putative secretory protein and its possible involvement in skeletal development. J Biol Chem, 276, 3628-3634

Magnadóttir B, Jónsdóttir H, Helgason S, et al. 1999. Humoral immune parameters in Atlantic cod (*Gadus morhua* L.) Ⅰ: The effects of environment temperature. Comparative Biochemistry and Physiology, 122: 173-180

Magnadóttir B, Jónsdóttir H, Helgason S, et al. 1999. Humoral immune parameters in Atlantic cod (*Gadus morhua* L.) Ⅱ: The effects of size and gender under different environmental conditions. Comparative Biochemistry and Physiology, 122: 181-188

Magnadóttir B, Lang S, Gudmundsdottir S, et al. 2005. Ontogeny of humoral immune parameters in fish. Fish Shellfish Immunol, 19: 429-439

Magnadóttir B, Lange S, Steinarsson A, et al. 2004. The ontogenic development of innate immune parameters of cod (*Gadus morhua* L.). Comp Biochem Physiol B Biochem Mol Biol, 139: 217-224

Magnadóttir B. 2000. The spontaneous haemolytic activity of cod serum: heat insensitivity and other characteristics. Fish Shellfish Immunol, 10: 731-735

Malanchere E, Huetz F, Coutinho A. 1997. Maternal IgG stimulates B lineage cell development in the progeny. Eur J Immunol, 27: 788-793

Manning M J. 1994. Fishes. In: Turner R. J. ed. *Immunology: A Comparative Approach*. Britain: John Wiley & Sons Ltd

Maria P C, Dimitrios M, Ioannis K Z. 2006. cDNA cloning and phylogenetic analysis of the sixth complement component in rainbow trout. Molecular Immunology, 43: 1080-1087

Martin A, Dunnington E A, Gross W B, et al. 1990. Production traits and alloantigen systems in lines of chickens selected for high or low antibody-responses to sheep erythrocytes. Poultry Sci, 69: 871-878

Martinez-A C, Bernabe R, de la Hera A, et al. 1985. Establishment of idiotypic helper T-cell repertoires early in life. Nature, 317: 721-723

Mastellos D, Lambris J D. 2002. Complement: more than a 'guard' against invading pathogens? Trends Immunol, 23: 485-491

Mastellos D, Papadimitriou J C, Franchini S, et al. 2001. A novel role of complement: mice deficient in the fifth component of complement (C5) exhibit impaired liver regeneration. J Immunol, 166: 2479-2486

Matsushita M, Endo Y, Nonaka M, et al. 1998. Complement related serine protease in tunicates and vertebrates. Curr Opin Immunol, 10: 29-35

Matsuyama H, Yano T, Yamakawa T, et al. 1992. Opsonic effect of the third complement component (C3) of carp (*Cyprinus carpio*) on phagocytosis by neutrophils. Fish Shellfish Immunol, 2: 69-78

Mavroidis M, Sunyer J O, Lambris J D. l995. Isolation, primary structure, and evolution of the third component of chicken complement and evidence for a new member of the α-macroglobulin family. J Immunol, l54: 2164-2171

Meads T J, Wild A E.1994. Evidence that Fc receptors in rabbit yolk sac endoderm do not depend upon an acid pH to effect IgG binding and transcytosis *in vitro*. Placenta, 15: 525-539

Meijer A H, Verbeek F J, Salas-Vidal E, et al. 2005. Transcriptome profiling of adult zebrafish at the late stage of chronic tuberculosis due to *Mycobacterium marinum* infection. Molecular

Immunology, 42: 1185-1203

Michalek S M, Rahman A F, McGhee J R.1975. Rat immunoglobulins in serum and secretions: comparison of IgM, IgA and IgG in serum, colostrum, milk and saliva of protein malnourished and normal rats. Proc Soc Exp Biol Med, 148: 1114-1118

Misra C K, Das B K, Mukherjee S C, et al. 2006. The immunomodulatory effects of tuftsin on the non-specific immune system of Indian major carp, *Labeo rohita*. Fish Shellfish Immunol, 20: 728-738

Mondragon-Palomino M, Pinero D, Nicholson-Weller A, et al.1999. Phylogenetic analysis of the homologous proteins of the terminal complement complex supports the emergence of C6 and C7 followed by C3 and C8. J Mol Evol, 49: 282-289

Mongini P K, Jackson A E, Tolani S, et al. 2003. Role of complement-binding CD21 /CD19/CD81 in enhancing human B cell protection from Fas-mediated apoptosis. J Immunol, 171: 5244-5254

Mor A, Avtalion R R.1990.Transfer of antibody activity from immunised mother to embryos in tilapias. J Fish Biol, 37: 249-255

Moret Y, Schmid-Hempel P. 2001. Immune defence in bumble-bee offspring. Nature, 414: 506

Morimoto T, Iida T, Wakabayashi W.1988.Chemiluminescence of neutrophils isolated from peripheral blood of eel. Fish Pathology, 23: 49-53

Mueller-Ortiz S L, Drouin S M, Wetsel R A. 2004. The alternative activation pathway and complement component C3 are critical for a protective immune response against *Psedomomas aeruginosa* in a murine model of pneumonia. Infect Immun, 72: 2899-2906

Muggli N E, Hohenboken W D, Cundiff L V, et al. 1984. Inheritance of maternal immunoglobulin G1 concentration by the bovine neonate. J Anim Sci, 59: 39-48

Munn C B, Ishiguro E E, Kay W W, et al. 1982. Role of surface components in serum resistance of virulent *Aeromonas salmonicida*. Infection and Immunity, 36: 1069-1075

Nagai T, Mutsuro J, Kimura M, et al. 2000. A novel truncated isoform of the mannose-binding lectin-associated serine protease (MASP) from the common carp (*Cyprinus carpio*). Immunogenetics, 51: 193-200

Nakamura O, Kudo R, Aoki H, et al. 2006. IgM secretion and absorption in the materno-fetal interface of a viviparous teleost, *Neoditrema ransonneti* (Perciformes; Embiotocidae). Deve Comp Immunol, 30: 493-502

Nakao M, Kajiya T, Sato Y, et al. 2006. Lectin pathway of bony fish complement: identification of two homologs of the mannose-binding lectin associated with masp2 in the common carp (*Cyprinus carpio*). J Immunol, 177: 5471-5479

Nakao M, Miura M, Itoh S, et al. 2004. A complement C3 fragment equivalent to mammalian C3d from the common carp (*Cyprinus carpio*): generation on serum after activation of the alternative pathway and detection of its receptor on the lymphocyte surface. Fish Shellfish Immunol, 16: 139-149

Nakao M, Mutsuro J, Obo R, et al. 2000. Molecular cloning and protein analysis of divergent forms of the complement component C3 from a bony fish, the common carp (*Cyprinus carpio*): presence of variants lacking the catalytic histidine. Eur J Immunol, 30: 858-866

Nakao M, Uemura T, Yano T.1996. Terminal components of carp complement constituting a membrane attack complex. Mol Immunol, 33: 933-937

Nakao M, Yano T. 1998. Structural and functional identification of complement components of the bony fish, carp (*Cyprinus carpio*). Immunological Reviews, 166: 27-38

Naruse K, Fukamachi S, Mitani H, et al. 2000. A detailed linkage map of madaka, *Oryzias iatipes*: comparative genomics and genome evolution. Genetics, 154: 1773-1784

Nasevicius A, Ekker S C. 2001.The zebrafish as a novel system for functional genomics and therapeutic development applications. Curr Opin Mol Ther, 3(3): 224-228

Nathan C F. 1987. Secretory products of macrophages. J Clin Invest, 79: 319-326

Newmeyer D D, Farschon D M, Reed J C.1994. Cell-free apoptosis in *Xenopus* egg extracts: inhibition by Bcl-2 and requirement for an organelle fraction enriched in mitochondria. Cell, 79: 353-364

Nilsson U R, Nilsson B.1984. Simplified assays of hemolytic activity of the classical and alternative complement pathways. J Immunol Methods,72:49-59

Nimmerjahn F. Ravetch J V. 2005. Divergent immunoglobulin G subclass activity through selective Fc receptor binding. Science, 310: 510-1512

Nonaka M, Namikawa C, Kato Y, et al. 1997. Major histocompatibility complex gene mapping in the amphibian *Xenopus* implies a primordial organization. Proc Natl Acad Sci USA, 94: 5789-5791

Nonaka M, Natsuume-Sakai S, Takahashi M. 1981. The complement system in rainbow trout (*Salmo gairdneri*). Ⅱ. Purification and characterization of the fifth component (C5). J Immunol, 126: 1495-1498

Nonaka M, Smith S L. 2000. Complement system of bony and cartilaginous fish. Fish Shellfish

Immunol, 10: 215-228

Nonaka M, Yamaguchi N, Natsuume-Sakai S, et al. 1981. The complement system of rainbow trout (*Salmo gairdneri*). Ⅰ. Identification of the serum lytic system homologous to mammalian complement. J Immunol, 126: 1489-1494

Ober E A, Field H A, Stainier D Y R. 2003. From endoderm formation to liver and pancreas development in zebrafish. Mechanisms of Development, 120: 5-18

Okamoto Y, Tsutsumi H, Kumar N S, et al. 1989. Effect of breast feeding on the development of antiidiotype antibody response to F glycoprotein of respiratory syncytial virus in infant mice after post-partum maternal immunization. J Immunol, 142: 2507-2512

Olivier G, Eaton C A, Campbell N.1986. Interaction between Aeromonas salmonicida and peritoneal macrophages of brook trout (*Salvelinus fontinalis*). Veterinary Immunology and Immunopathology, 12: 223-234

Olsen B R, Reginato A M, Wang W. 2000. Bone development. Annu Rev Cell Dev Biol, 16: 191-220

Olsen Y A, Press C M. 1997. Degradation kinetics of immunoglobulin in the egg, alevin and fry of Atlantic salmon, *Salmo salar* L., and the localization of immunoglobulin in the egg. Fish Shellfish Immunol, 7: 81-91

Oshima S I, Hata J I, Segawa C, et al. 1996. Mother to fry, successful transfer of immunity against infectious haematopoietic necrosis virus infection in rainbow trout. Journal of General Virology, 77: 2441-2445

Ourth D D, Wilson E A.1982.Alternative pathway of complement and bactericidal response of the channel catfish to *Salmonella paratyphi*. Dev Comp Immunol, 6: 75-85

Panigrahi A, Kiron V, Satoh S, et al. 2007. Immune modulation and expression of cytokine genes in rainbow trout *Oncorhynchus mykiss* upon probiotic feeding. Dev Comp Immunol,31: 372-382

Papanastasiou A D, Zarkadis I K. 2006. Cloning and phylogenetic analysis of the alpha subunit of the eighth complement component (C8) in rainbow trout. Mol Immunol, 43: 2188-2194

Pascual M, Schifferli J A. 1992. The binding of immune complexes by the erythrocyte complement receptor 1 (CR1). Immunopharmacology, 24: 101-106

Pastoret P P. Griebel P, Bazin H, et al. 1998. *Handbook of Vertebrate Immunology*. London: Academic Press

Peatman E, Baoprasertkul P, Terhune J, et al. 2007. Expression analysis of the acute phase response in channel catfish (*Ictalurus punctatus*) after infection with a Gram-negative bacterium. Developmental and Comparative Immunology, 31: 1183-1196

Petrenko O, Beavis A, Klaine M, et al. 1999. The molecular characterization of the fetal stem cell marker AA4. Immunity, 10: 691-700

Picchietti S, Abelli L, Buonocore F, et al. 2006. Immunoglobulin protein and gene transcripts in sea bream (*Sparus aurata* L.) oocytes. Fish and Shellfish Immunology, 20: 398-404

Picchietti S, Scapigliati G, Fanelli M,et al. 2001. Sex-related variations of serum immunoglobulin during reproduction in gilthead sea bream and evidence for a transfer from the female to the eggs. J Fish Biol, 59:1503-1511

Picchietti S, Taddei A R, Scapigliati G, et al. 2004. Immunoglobulin protein and gene transcripts in ovarian follicles throughout oogenesis in the teleost *Dicentrachus labrax*. Cell Tissue Res, 315: 259-270

Pirarat N, Kobayashi T, Katagiri T, et al. 2006. Protective effects and mechanisms of a probiotic bacterium *Lactobacillus rhamnosus* against experimental *Edwardsiella tarda* infection in tilapia (*Oreochromis niloticu)*. Veterinary Immunology and Immunopathology, 113: 339-347

Ploug M, Jessen T E, Welinder K G, et al. 1985. Hemolytic plate assay for quantification of active human complement component C3 using methylamine-treated plasma as complement source. Anal Biochem, 146: 411-417

Reeves W C, Sturgeon J M, French E M, et al. 1954. Transovarian transmission of neutralizing substances to western equine and St. Louis encephalitis viruses by avian hosts. J Infect Dis, 95: 168-178

Robison J D, Stott G H, DeNise S K.1988. Effects of passive immunity on growth and survival in the dairy heifer. J Dairy Sci, 71: 1283-1287

Rooney I A, Oglesby T J, Atkinson J P. 1993. Complement in human reproduction – activation and control. Immunol Res, 12: 276-294

Roulin A, Heeb P. 1999. The immunological function of allosuckling. Ecol Lett, 2: 319-324

Rubinstein L J, Yeh M, Bona C A.1982. Idiotype-antiidiotype network: Ⅱ. Activation of silent clones by treatment at birth with idiotypes is associated with the expansion of idiotype-specific helper T cells. J Exp Med, 156: 506-521

Rubio-Godoy M, Porter R, Tinsley R C. 2004. Evidence of complement-mediated killing of *Discocotyle sagittata* (Platyhelminthes, Monogenea) oncomiracidia. Fish Shellfish Immunol, 17: 95-103

Sadeharju K. Knip M, Virtanen S M, et al. 2007. Maternal antibodies in breast milk protect the child from enterovirus infections. Pediatrics, 119: 941-946

Saeij J P, de Vries B J, Wiegertjes G F. 2003. The immune response of carp to *Trypanoplasma borreli*: kinetics of immune gene expression and polyclonal lymphocyte activation. Developmental and Comparative Immunology, 27: 859-874

Saino N, Bertacche V, Ferrari R P, et al. 2002a. Carotenoid concentration in barn swallow eggs is influenced by laying order, maternal infection and paternal ornamentation. Proc R Soc Lond B, 269:1729-1733

Saino N, Dall'ara P, Martinelli R, et al. 2002b. Early maternal effects and antibacterial immune factors in the eggs, nestlings and adults of the barn swallow. J Evol Biol, 15: 735-743

Saino N, Ferrari R P, Martinelli R, et al. 2002c. Early maternal effects mediated by immunity depend on sexual ornamentation of the male partner. Proc R Soc Lond B, 269: 1005-1009

Sakai D K. 1981. Heat inactivation of complements and immune hemolysis reactions in rainbow trout, masu salmon, coho salmon, goldfish, and tilapia. Bull Japan Soc Sci Fish, 47: 565-571

Sakai D K. 1983. Lytic and bactericidal properties of salmonid sera. Journal of Fish Biology, 23: 457-466

Sakai D K. 1983. The activation of alternative pathway by pronase, LPS and zymosan in the complement system of rainbow trout serum. Bulletin of the Japan Scientific Fisheries, 49: 347-351

Sakai D K. 1984. Opsonization by fish antibody and complement in the immune phagocytosis by peritoneal exudate cells isolated from salmonid fishes. Journal of Fish Diseases, 7: 29-38

Sakai D K. 1992. Repertoire of complement in immunological defense mechanisms of fish. Annual Review of Fish Diseases, 2: 223-247

Samonte I E, Sato A, Mayer W E,et al. 2002. Linkage relationships of genes coding for alpha2-macroglobulin, C3 and C4 in the zebrafish: implications for the evolution of the complement and Mhc systems. Scand J Immunol, 56: 344-352

Sato T, Abe E, Jin C H, et al. 1993. The biological roles of the 3rd component of complement in osteoclast formation. Endocrinology, 133: 397-404

Scapigliati G N, Romano A L. 1999. Monoclonal antibodies in fish immunology: identification, ontogeny and activity of T- and B-lymphocytes. Aquaculture, 172: 3-28

Schieferdecker H L, Schlaf G, Koleva M,et al. 2000. Induction of functional anaphylatoxin C5a receptors on hepatocytes by *in vivo* treatment of rats with IL-6. J Immunol, 164: 5453-5458

Schorpp M, Wiest W, Egger C, et al. 2000. Genetic dissection of thymus development. In: Melchers F, editor. *Lymphoid Organogenesis*. Berlin: Springer

Schumacher I M, Rostal D C, Yates R A, et al.1999. Persistence of maternal antibodies against *Mycoplasma agassizii* in desert tortoise hatchlings. Am J Vet Res, 60: 826-831

Selvaraj V, Sampath K, Sekar V. 2005. Administration of yeast glucan enhances survival and some non-specific and specific immune parameters in carp (*Cyprinus carpio*) infected with *Aeromonas hydrophila*. Fish shellfish Immunol, 19: 293-306

Selvaraj V, Sampath K, Sekar V. 2006. Adjuvant and immunostimulatory effects of beta-glucan administration in combination with lipopolysaccharide enhances survival and some immune parameters in carp challenged with *Aeromonas hydrophila*. Vet Immunol Immunopathol, 114:15-24

Sheldon B C, Verhulst S.1996. Ecological immunology: costly parasite defences and trade-offs in evolutionary ecology. Trends Ecol Evol,11: 317-321

Siegel P B, Gross W B , Cherry J A. 1982. Correlated responses of chickens to selection for production of antibodies to sheep erythrocytes. Anim Blood Groups Biochem Genet, 13: 291-297

Simister N E. 2003. Placental transport of immunoglobulin G. Vaccine, 21: 3365-3369

Smith S L.1998. Shark complement: an assessment. Immunol Rev, 166: 67-78

Sooter C A, Schaeffer M, Gorrie R,et al. 1954. Transovarian passage of antibodies following naturally acquired encephalitis infection in birds. J Infect Dis, 95:165-167

Stanley K K, Herz J. 1987. Topological mapping of complement component C9 by recombinant DNA techniques suggests a novel mechanism for its insertion into target membranes. The EMBO Joumal, 6:195l-1957

Steel D M, Whitehead A S.1994. The major acute phase reactants: C-reactive protein, serum amyloid P and serum amyloid A protein. Immunology Today, 15: 81-88

Stern C M. 1976. The materno-foetal transfer of carrier rotein sensitivity in the mouse. Immunology, 30: 443-448

Stet R J M, Johnston R, Parham P. 1997. The unMHC of teleostean fish: segregation analysis in common carp and Atlantic salmon. Hereditas, 127: 169-170

Stott G H, Fellah A. 1983. Colostral immunoglobulin absorption linearly related to concentration for calves. J Dairy Sci, 66:1319-1328

Strayer D S, Cosenza H, Lee W M F, et al. 1974. Neonatal tolerance induced by antibody against antigen-specific receptor. Science, 186: 640-642

Sunyer J O, Lambris J D. 1998. Evolution and diversity of the complement system of poikilothermic vertebrates. Immunol Rev, 166: 39-57

Sunyer J O, Tort L, Lambris J D. 1997. Diversity of the third form of complement, C3, in fish: functional characterization of five forms of C3 in the diploid fish, *Sparus aurata*. Biochem J, 326: 877-881

Sunyer J O, Tort L.1995. Natural hemolytic and bactericidal activities of sea bream *Sparus aurata* serum are effected by the alternative complement pathway. Veterinary Immunology and Immunopathology, 45: 333-345

Sunyer J O, Zarkadis I K, Sahu A, et al. 1996. Multiple forms of complement C3 in trout, that differ in complement activators. Proceeding of the National Academy of Science of the USA, 93: 8546-8551

Sunyer J Q,Tort L.1995. Natural hemolytic and bactericidal activities of sea bream *Sparus aurata* serum are affected by the alternative complement pathway. Veterinary Immunology and Immunopathology, 45: 333-345

Sunyer J O, Zarkadis I, Sarrias M R, et al.1998. Cloning, structure, and function of two rainbow trout Bf molecules. J Immunol, 161: 4106-4114

Swain P, Dash S, Bal J,et al. 2006. Passive transfer of maternal antibodies and their existence in eggs, larvae and fry of Indian major carp, *Labeo rohita*. Fish Shellfish Immunol, 20: 519-527

Takami K, Zaleska-Rutczynska Z, Figueroa F, et al. 1997. Linkage of LMP, TAP, and RING3 with MHC class Ⅰ rather than class Ⅱ genes in the zebrafish. J Immunol, 159: 6052-6060

Takemura A, Takano K T. 1997. Transfer of maternally-derived immunoglobulin (IgM) to larvae in tilapia, *Oreochromis mossambicus*. Fish shellfish immunology, 7: 355-363

Tang R, Dodd A W, Lai D, et al. 2007. Validation of zebrafish (*Danio rerio*) reference genes for quantitative real-time RT-PCR normalization. Acta Biochim Biophys Sin (Shanghai), 39: 384-390

Tateno H, Yamaguchi T, Ogawa T, et al. 2002. Immunohistochemical localization of rhamnose-binding lectins in the steelhead trout (*Oncorhynchus mykiss*). Dev Comp Immunol, 26: 543-550

Terado T, Okamura K, Ohta Y, et al. 2003. Molecular cloning of C4 gene and identification of the class Ⅲ complement region in the shark MHC. J Immunol, 171: 2461-2466

Terado T, Smith S L, Nakanishi T, et al. 2001. Occurrence of structural specialization of the serine protease domain of complement factor B at the emergence of jawed vertebrates and adaptive immunity. Immunogenetics, 53: 250-254

Thomas D N, Dieckmann G S. 2002. Antarctic sea ice—a habitat for extremophiles. Science, 295: 641-644

Tomlinson S, Stanley K K, Esser A F. 1993. Domain structure, functional activity, and polymerization of trout complement protein C9. Dev Comp Immunol, 17: 67-76

Tort L, Gomez E, Montero D,et al. 1996. Serum haemolytic and agglutinating activity as indicators of fish immunocompetence: their suitability in stress and dietary studies. Aquaculture International, 4: 31-41

Tort L, Sunyer J O, Gomez E, et al. 1996. Crowding stress induces changes in serum haemolytic and agglutinating activity in gilthead seabream *Sparus aurata*. Vet Immunol Immunopathol, 51: 179-188

Trede N S, Langenau D M, Trave D, et al. 2004. The use of zebrafish to understand immunity. Immunity, 20: 367-379

Tressler R L, Roth T F.1987. IgG receptors on the embryonic chick yolk sac. J Biol Chem, 262: 15406-15412

Ubosi C, Gross W, Siegel P.1985. Divergent selection of chickens for antibody production to sheep erythrocytes: age effect in parental lines and their crosses. Avian Dis, 29: 150

Uemura T, Yano T, Shiraishi H, et al. 1996. Purification and characterization of the eighth and ninth components of carp complement. Mol Immunol, 33: 925-932

Vacquier V D.1998. Evolution of gamete recognition proteins. Science, 281: 1995-1998

Van Loon J J A, van Oosterom R, van Muiswinkel W B. 1981. Development of the immune system in carp (*Cyprinus carpio*). Asp Comp Dev Immunol, 1: 469-470

van Loon J J A, van Oosteron R, van Muiswinkel W B. 1981. Development of the immune system of the carp (*Cyprinus carpio*). In *Aspects of developmental and comparativeimmunology* Ⅰ (ed. Solomon J B). Oxford: Pergamon Press

Villiers M B, Villiers C L, Laharie A M, et al. 1999. Different stimulating effects of complement C3b and complete Freund's adjuvant on antibody response. Immunopharmacology, 42: 151-157

Vitved L, Holmskov U, Koch C, et al. 2000. The homologue of mannose-binding lectin in the carp family Cyprinidae is expressed at high level in spleen, and the deduced primary structure predicts affinity for galactose. Immunogenetics, 51: 955-963

Volanakis J E. 1998. Overview of the complement system. In *The Human Complement System in Health and Disease* (Volanakis J E, Frank M, eds), Marcel Dekker Inc

Wang T, Secombes C J. 2003. Complete sequencing and expression of three complement components,

C1r, C4 and C1 inhibitor, of the classical activation pathway of the complement system in rainbow trout *Oncorhynchus mykiss*. Immunogenetics, 55: 615-628

Wang Z P, Zhang S C, Wang G F,et al. 2008. Complement activity in the egg cytosol of zebrafish *Danio rerio*: evidence for the defense role of maternal complement components. PLOS ONE, 32 (1): e1463

Westerfield M. 1989. *The Zebrafish Book*. University of Oregon Press, Eugene, OR

Wetsel R A.1995. Structure, function and cellular expression of complement anaphylatoxin receptors. Curr Opin Immunol, 7: 48-53

Wikler M, Demeur C, Dewasme G,et al. 1980. Immunoregulatory role of maternal idiotypes: ontogeny of immune networks. J Exp Med, 152: 1024-1035

Xu C, Mao D, Holers V M, et al. 2000. A critical role for murine complement regulator crry in fetomaternal tolerance. Science, 287: 498-501

Yamashita M, Konagaya S. 1996. A novel cysteine protease inhibitor of the egg of chum salmon, containing a cysteine-rich thyroglobulin-like motif. J Biol Chem, 271:1282-1284

Yano T, Nakao M.1994. Isolation of a carp complement protein homologous to mammalian factor D. Mol Immunol, 31: 337-342

Yano T.1992. Assays of hemolytic complement activity. In: *Techniques in Fish Immunology* (Stolen J S, Anderson D P, Kaattari S L, Rowley A F, editors). Fair Haven, SOS publication NJ. 07704-3303 USA

Yano T.1996. The nonspecific immune system: humoral defense. In *The Fish Immune System: Organism, Pathogen, and Environment* (Iwama G, Nakanishi T, eds). San Diego, CA: Academic Press

Yasuda M, Furusawa S, Matsuda H, et al. 1998. Development of maternal IgG-free chick obtained from surgically bursectomized hen. Comp Immunol Microbiol Infect Dis, 21: 191-200

Yeo G S, Elgar G, Sandford R, et al. 1997. Cloning and sequencing of complement component C9 and its linkage to DOC-2 in the pufferfish *Fugu rubripes*. Gene, 200: 203-211

Yousif A N, Albright L J, Evelyn T P T. 1991. Occurrence of lysozyme in the eggs of coho salmon *Oncorhynchus kisutch*. Dis Aquat Organ, 10: 45-49

Yousif A N, Albright L J, Evelyn T P T. 1994. *In vitro* evidence for the antibacterial role of lysozyme in salmonid eggs. Dis Aquat Organ, 19: 15-19

Yousif A N, Albright L J, Evelyn T P T.1994. Purification and characterization of a galactose-specific lectin from the eggs of coho salmon *Oncorhynchus kisutch*, and its interaction with bacterial fish pathogens. Dis Aquat Organ, 20:127-136

Zapata A G, Chiba A, Varas A. 1996. Cells and tissues of the immune system of fish. In *The Fish Immune System: Organism, Pathogen, and Environment* (Iwama G, Nakanish T, eds) . San Diego, USA: Academic Press

Zapata A, Diez B, Cejalvo T,et al. 2006. Onetogeny of the immune system of fish. Fish Shellfish Immunol, 20: 126-136

Zapata A, Torroba M, Varas A,et al. 1997. Immunity in fish larvae. Dev Biol Stand, 90: 23-32

Zarkadis I K, Duraj S, Chondrou M. 2005. Molecular cloning of the seventh component of complement in rainbow trout. Dev Comp Immunol, 29: 95-102

Zarkadis I K, Mastellos D, Lambris J D. 2001. Phylogenetic aspects of the complement system. Developmental and Comparative Immunology, 25: 745-762

Zarkadis I K, Sarrias M R, Sfyroera G, et al. 2000. Characterization of factor H like molecules in rainbow trout. Immunopharmacology, 49: 13-26

Zarkadis I, Chondrou M. 2004. Cloning of the sixth component of complement in rainbow trout. Unpublished results (Genbank accession number CAF22026)

Zhou J, Song X L, Huang J,et al. 2006. Effects of dietary supplementation of A3α-peptidoglycan on innate immune responses and defense activity of Japanese flounder (*Paralichthys olivaceus*). Aquaculture, 251: 172-181